中国轻工业"十三五"规划教材
高等院校艺术设计专业精品系列教材

书籍装帧设计

Book Design

李慧媛 杨晓康 王颖惠 李晨莹 **编著**

总主编 肖勇

中国轻工业出版社

图书在版编目（CIP）数据

书籍装帧设计 / 李慧媛等编著. —北京：中国轻工业出版社，2025.1
全国高等教育艺术设计专业规划教材
ISBN 978-7-5184-1945-6

Ⅰ. ①书… Ⅱ. ①李… Ⅲ. ①书籍装帧—设计—高等学校—教材 Ⅳ. ①TS881

中国版本图书馆CIP数据核字（2018）第077281号

责任编辑：王　淳　徐　琪　　责任终审：孟寿萱　　整体设计：锋尚设计
策划编辑：王　淳　　责任校对：晋　洁　　责任监印：张京华

出版发行：中国轻工业出版社（北京鲁谷东街5号，邮编：100040）
印　　刷：艺堂印刷（天津）有限公司
经　　销：各地新华书店
版　　次：2025年1月第1版第13次印刷
开　　本：889 × 1194　1/16　印张：7.75
字　　数：200千字
书　　号：ISBN 978-7-5184-1945-6　定价：48.00元
邮购电话：010-85119873
发行电话：010-85119832　010-85119912
网　　址：http://www.chlip.com.cn
Email：club@chlip.com.cn

242593J1C113ZBW

前言
PREFACE

书籍被视为一种载体，记载和传播着人类社会的文明旅程。作为人类社会进步的重要产物，书籍在播撒着知识的同时，也推动着人类社会思想、文化、政治、艺术、科技的发展。如今，很多读者在读书获取知识的同时也越来越多地关注书籍本身的美感。书籍装帧设计的艺术之美，作为艺术设计中的一个重要内容，也给我们设计界的广大同仁及教师带来了更高、更大的挑战。为了使中国的设计基础教育事业能够走上世界的舞台，与优秀的国际同行进行交流、对话，同时使广大设计爱好者能够制作出符合艺术美感的优秀图书，作者力求将多年来的教学心得与经验，有目的、有针对性地向读者展示，强调美与科学的共通之处。

本书是一部指导艺术设计学生学习掌握如何设计书籍的教科书，可作为本科、高职高专院校艺术设计等相关专业的教材，也适用于从事相关专业的设计师及教育工作者，以及对书籍装帧设计有兴趣的社会从业人员。

该书详细介绍了书籍装帧设计的整个方法过程，首先对书籍设计的历史和发展作了回顾，总结了书籍设计的特征和属性，并对书籍设计的结构、构成元素，书籍设计的基本原则与设计流程，书籍封面、护封及书籍整体的构思与创意，书籍版面编辑，丛书系列书籍设计，书籍的创新性设计以及书籍的承印物与印刷工艺等作了较详细的阐述。本书既有基础理论，又有经典案例和创意理念，图文并茂，对学生研究书籍装帧艺术，提高想象力和动手能力，具有较强的启迪和指导作用。本书加入了书籍装帧的创新性设计一章，对书籍设计的形态创新和材料创新，为书籍装帧设计的未来走向、专业训练、创意开发作了系统的梳理和思考。

作者在编写过程中，参阅了国内外众多的优秀书籍设计图片，也选用了部分学生的优秀习作。凡注明或未注明出处者，均在此表示诚挚谢意。学生的书籍设计习作中，其出版社名称都是虚拟或模拟的，在此特作出说明。

本书由齐鲁工业大学（山东科学院）艺术学院教师李慧媛主持撰写，由杨晓康、王颖惠、李晨莹共同完成。此书得以出版，凝聚了众人的劳动与汗水，在此，衷心感谢领导和同仁们的关心与帮助，感谢中国轻工业出版社领导与编辑们的信任与付出。在大家的通力协作下，本书顺利出版。在编写过程中，难免有不足之处，承望设计界前辈和设计界同仁们以及广大的读者提出宝贵的意见。

编者

2018 年 2 月 20 日

目录
CONTENTS

第一章
概　述

PPT 课件，请在计算机上阅读

学习难度：★☆☆☆☆
重点概念：现代书籍装帧

章节导读

书籍是人类文明进步的重要标志之一，同时也是表达思想、传播知识和积累文化的物质载体。千百年来，从最初萌芽到发展成熟乃至鼎盛阶段，书籍一直以文字、图形等视觉符号忠实地记录着人类社会的发展历程。纸张的发明和印刷术的发展使书籍通过印刷得以广泛传播，书籍不再是特权阶级的专属，广大民众也能够通过书籍学习知识了解信息。随着科学技术日新月异的发展，特别是在当前印刷媒体与数字媒体交互使用的时代，书籍跨越了时间和地域的限制，超越了种族和民族的隔阂，将知识和文化有效地保存下来，并且传播到世界各地，书籍仍然是传播知识促进社会进步，政治、经济、文化发展必不可少的重要传播工具。

第一节　现代书籍装帧的概念

一、何为书籍

书籍是我们人类表达思想、传播知识、积累文化和传承文明的物质载体。人类文明的发展与书籍息息相关，作为人类文明的象征，千百年以来，书籍一直以文字、图形等视觉符号忠实记录着人类社会的发展历程，在人类文明史上作出了不可替代的贡献。纸张的发明以及印刷术的发展使得书籍通过印刷得以传播，从此书籍不再只是特权阶级的专属，而广大民众也可以通过书籍了解信息。因此，书籍不仅是人类社会实践的产物，同时也是一种特定的不断发展着的知识传播工具。

在我国古代，人们曾对书下过不同的定义。例如：从图书形式上出发的则认为“著于竹帛谓之书”（《说文解字·序》）。从图书的内容方面出发的就有“百氏六家，总曰书也”（《尚书·序疏》）。显然，上述这些定义是时代的产物，是就当时的实际情况而言的，不可能对以后的发展作全面的概括。但上述定义已经正确地揭示了当时书籍的内容和形式特征，并且把“书”看作是一种特指概念，把它与原始的文字记

图1-1　立体的书

图1-2　微缩的书

图1-3　kindle电子设备阅读

录区别开来。现代社会，虽然人们对书籍已经十分熟悉，但是对书籍的准确定义还有着诸多的解释。1964年，联合国教科文组织对图书的定义是：凡是由出版社出版的不包括封面和封底在内，四十九页以上的印刷品，具有特定的书名和著者名，编有国际标准书号，有定价并取得版权保护的出版物称为书籍。1979年版《辞海》的解释是：装订成册的著作即为书籍。事实上，经过了长达数千年演变，从书籍的最初萌芽到发展成熟乃至全盛阶段，书籍的内容范围扩大了，记述和表达的方法增多了，使用的物质载体和生产制作的方法也发生了多次的变化，特别是在当前印刷媒体与数字交互使用的时代，书籍承载的信息、书籍的载体材料，甚至是书籍本身的形态都在不断地发生着变化。所有这些，促使着人们对图书有了较系统而明确的概念，因此，我们将书籍的概念准确地界定为：书籍是以承载信息、传播知识为目的，用文字或其他信息符号记录于一定形式的材料之上记录知识、表达思想感情并集结成卷册的著作物。

日本著名书籍设计家杉浦康平曾经这样评价书籍：“书籍，不仅仅是容纳文字、承载信息的工具，更是一件极具吸引力的物品。它是我们每个人生命的一部分。每每翻阅书籍，总会感到无比的惬意，这是因为我们会用心去感受它内容的分量，欣赏它设计的美感，有时连翻书页的过程也觉得是一种享受。”确实如此，书籍作为一种信息载体，跨越了时间以及地域的限制，超越了民族的隔阂，将知识和文化有效地积累、保存下来，并且传播到了世界各地。

伴随着如今材料科技的不断进步与发展，书籍的载体已经由传统的纸张扩充到布、竹片、塑料、皮革等非纸类材料之上，印刷工艺的不断翻新出现了油印、石印、影印、铅印、静电复印以及胶版彩印，因而出现了形形色色的书籍。随着设计领域的不断延伸，书籍的形式也在不断演化，出现了许多奇妙的书，但始终是围绕着阅读、感知、美感、便利等原则，如立体的书、微缩型的书等（图1–1、图1–2）。

特别是进入21世纪以来，书籍电子化的脚步加快，海量的信息容纳空间，轻薄、便携的阅读终端等一系列新技术、新设备的涌现，预示着全新的阅读时代已经来临（图1–3、图1–4）。尽管书籍的材料及形态发生着巨大的改变，纸质书籍的生存空间正日益受到电子书的威胁，但相比起电子书，纸质书籍能让读者对全书有更全面的把握。最重要的是，对书本的亲和感和触觉上的体验是显示屏永远无法提供的。纸质书籍的可触性填补了信息传播以外的情感上的缺口，也是书籍内涵的延伸。一个愉悦的阅读过程，绝不单纯是大量信息的填充，更不可缺少的是读者与书籍之间的情感互动。好的书籍应该是体贴的，能配合书的内容、气质和内涵，于细节处流露出对读者的关怀。因此，在当前以及未来相当长的一段时间内，以纸张为基本材料，以印刷技术为实现手段的书籍仍会占据主导地位。

图1-4 iPad电子设备阅读

二、现代书籍装帧的概述

自人类文明诞生开始，书籍就以其信息承载量大成为人们表达思想、舒解情怀的载体，是人类交流思想的完美产物，也是传播知识、积淀文化的工具，依靠其独有的艺术魅力成为我们生活中不可或缺的一部分。书籍装帧艺术随着书籍的诞生而产生，以其独特的审美价值随着时代的进步而不断发展。书籍装帧不能与书籍分离开来经营，因为装帧是书籍的一部分，是书籍的脸面，是浓缩书籍的精华内容并直观表现于形式之上的。

“书籍装帧”一词最早是从《梅里亚姆–韦伯斯特大词典》中的“Book Binding”翻译过来的，“Binding”有多层意思，有捆绑和黏合之意，也指书的装订、装帧的意思。随着时代的进步与社会的发展，“装帧”一词越来越得到社会和出版界的认可，人们对现代书籍装帧概念的理解不再是狭隘的封面设计和单纯的书籍制作，重新把书籍装帧认识为一种由内至外的书籍整体构想与制作行为，因此“书籍装帧”成为专指书籍美术设计的学术名词。

现代书籍装帧是一门艺术，是通过特有的形式、图像、文字、色彩向读者传递书籍的科学知识信息。随着书籍装帧观念的不断发展，现代书籍装帧的范围也在逐渐扩大，其范围既包括对未来书籍形态的探索，也包括对现代书籍工艺的创新，并且更加具体，不仅涵盖了最初的书籍形态的策划，还包括开本的选择、封面和扉页的设计、正文内的版式编排和插图设计，以及后期的印刷和装订等。同时，数字信息和广告等新型媒体的刺激不断加强，如今的书籍装帧事业的发展达到了一个相对繁荣的时期，现代书籍装帧大胆地更新以往的表现形式、制作工艺和使用材料，大大促进了书籍材料、书籍印刷、书籍装订工艺的发展，更触动了书籍装帧的文化底蕴的表现。

由此看来，现代书籍装帧设计不是单一的，而是朝多向化发展，现代书籍装帧设计不仅要升华其外表形式，也要更新内在的气韵，更注重文化含量，充分体现出书籍装帧的空间性。书籍是三维空间特性的文化产物，长久来却被偏重于二维的封面与版式设计。随着时代的进步与书籍装帧艺术的发展，使得书籍装帧设计的观念快速成长。从平面到立体，从二维至三维，空间的意义成为书籍装帧设计中不可回避的重要元素之一。每位书籍设计师都是一位空间建筑师，因为他们的工作不仅是对文字的排列，更是对空间的创造。书籍装帧中那些看似简单的页面背后，隐藏着设计的智慧和空间美学。如果书籍内部的文字与图画信息暂且被隐没，书籍外在的立体形态、重要的形态“边缘”及内部的立体结构，就成为书籍与人交流最直接的载体，叙述着书籍的情感。因此将思维融入书籍的立体空间，可以给予书籍装帧设计整个过程带来质的飞跃，创造具有独特气息与价值的文化生命体。

设计界对于“装帧”的实质已经取得共识，“装帧”不是单一技术性操作的装订，而是全方位的从内文到外观、从信息传递到形态塑造的一系列设计活动，是把书籍思想内涵与特征以装帧的形式创造出整体的视觉形象，这要求设计者们适应新的变化，既要有大胆创新意识又要有深厚的文化内涵，要注重书籍的内在精神和外在形态、文字与图像、设计工艺与流程等一系列系统化的问题。同时，也要求设计者必须根据社会审美意识和视觉心理、市场需求，具有现代设计意识，在设计手段上进行创新，利用计算机、光盘图库，运用不同制版印刷工艺、各种纸张材料，不同设计造型手法去表现新视觉空间，并掌握市场经济运筹规律，赋予创新意味，与时俱进，在书籍装帧设计中弘扬民族文化，使之更加具有书卷气；实现书籍装帧设计的外在美观以及内在功能的和谐统一，使之更有品位。展望未来，中国的装帧艺术设计正朝着一个可持续的方向发展。

－ 补充要点 －

书籍装帧的翻译由来

“书籍装帧”一词是从《梅里亚姆-韦伯斯特大词典》中翻译而来，在里面还能看到与“Binding”相关的词语，如：“平装（papercover binding）、精装（hardcover binding）、活页装（loose-leaf binding）”。因此，在英国给书籍做具体设计时，通常都使用“Binding”这个词。“Binding”和“装帧”这两个词汇都是具有行业特征的专业词汇，都恰当地表达了书籍的构想与制作的概念。

第二节　书籍装帧的起源与发展

一、文字的载体、书籍的起源

谈到书籍装帧不能不谈到文字，文字是书籍装帧的第一要素，文字的信息传达需要附着于一定的载体，需要有载体把信息搜集和保留下来，于是，书籍应运而生。书籍是人类智慧、理想和意志的最佳体现，是人类表达思想、传播知识、积累文化的物质载体。书籍的形态和材质也是随社会的发展而变化着。通过考古发现，中国自商代就已出现较成熟的文字——甲骨文。在河南“殷墟”出土了大量的刻有文字的龟甲和兽骨（图1–5），这就是迄今为止我国发现最早的文字载体。由于甲骨文字形尚未规范化，字的笔画繁简悬殊，刻字大小不一，横向难以成行，所以，甲骨文所刻文字由上而下、由右至左纵向成列，每列字数不一，皆随甲骨形状而定（图1–6）。从甲骨文的规模和分类上看，那时已出现了书籍的萌芽，这种刻在龟甲上的书籍被认可为我国最早的书籍和装帧形态。

原始时期的书籍装帧在形式上都是取材于自然界现有的物质材料，如石头、甲骨、兽骨等。随着生产力的发展，在商周、春秋时期出现了大量铸刻在青铜器上的铭文——金文，也称为钟鼎文（图1–7）。钟鼎文大多以记载重大国事为主，如祭祀典礼、征伐功绩、歌颂祖先等。这种刻在青铜器上的书籍可以看作书籍装帧的另一种古老的形态。

到周代，中国文化进入第一次勃兴时期，各种流派和学说层出不穷，形成了百家争鸣的局面，而且，还出现了刻在石材上的文字（图1–8），这种刻石记事的方式比刻在金属器物上更加方便、更为广泛、更易于长久保存，因此作为文字载体的书籍已经出现很多。

到了汉代，石刻更为盛行，如刻在鼓形石头上的文字叫石鼓文；刻在长方形大石上的叫碑，圆头的叫碣；刻在山崖上的叫摩崖石刻等（图1–9至图1–11）。

值得一提的是，在汉代还出现了画像石和画像砖（图1–12、图1–13），许多内容具有故事情节，非常类似于后来的连环画，这正是我国装帧艺术中插画设计的先导。

这些最早的书籍装帧形态，虽然具有记录和传播

－ 补充要点 －

玉版

《韩非子·喻老》中有“周有玉版”的说法，又据考古发现，周代已经使用玉版这种高档的材质书写或刻文字了，由于其材质名贵，用量并不是很多，多是上层社会的用品。

图1-5 刻有甲骨文的龟甲和兽骨

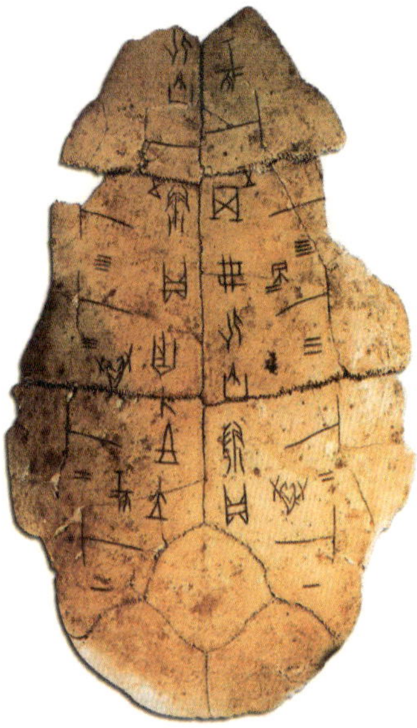

图1-6 甲骨文在龟甲上的文字排列

图1-7 刻在青铜器上的钟鼎文

图1-8 周代石刻

图1-9 汉代石鼓文

图1-10 汉代景云石碑

图1-11 汉代摩崖石刻

图1-12 画像石上刻画的清晰的场景

图1-13 画像砖上生动的场景

信息的基本功能，但是都由于太过笨重、携带不方便以及不便于流通，使得书籍装帧传播信息的功能受到很大阻碍。

二、书籍装帧的历史和发展

石碑、龟甲十分笨重，不便于流通，因此，我国在春秋战国时期出现了简策、帛书。东汉蔡伦改进了造纸术之后又出现了卷轴装、旋风装等书籍装帧形

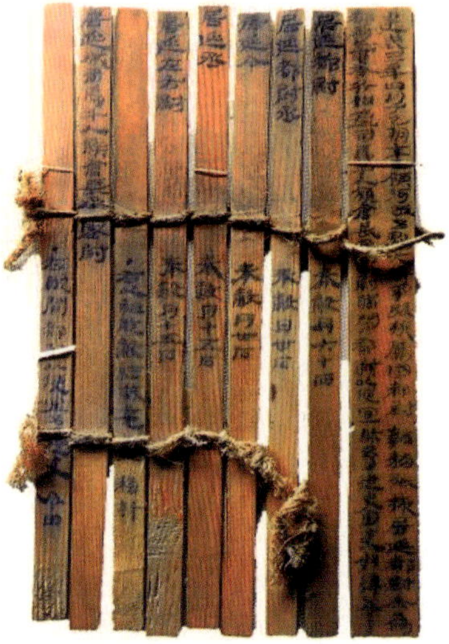

图1-14 简策

图1-15 帛书

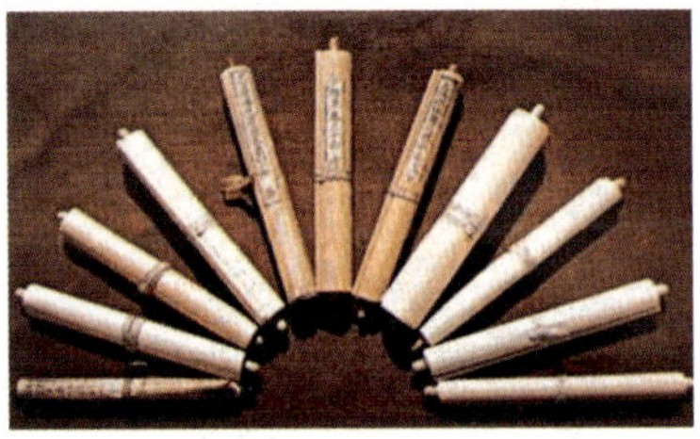

图1-16 卷轴装书籍

图1-17 卷轴装书籍示意图

态。中国隋唐的雕版印刷术的发明对书籍装帧的发展起到了至关重要的作用，替代了繁重的手工抄写方式，缩短了书籍的成书周期，促成了书籍的成型，大大提高了书籍的品质和数量，从而推动了人类文化的发展，这种形式一直延续到现代。在这种情况下，书籍的装帧形态也几经演进，先后出现过卷轴装、经折装、旋风装、蝴蝶装、包背装、线装、简装和精装等。

1. 简策

中国早期书籍的载体是竹和木。把竹子加工成统一规格的竹片，再放置火上烘烤，蒸发竹片中的水分，防止日久虫蛀和变形，然后在竹片上书写文字，这就是竹简。竹简再以革绳相连成“册”，称为“简策”（图1-14）。这种装订方法，成为早期书籍装帧比较完整的形态，已经具备了现代书籍装帧的基本形式。由于年代久远，竹木材质难以保存很长，所以现在我们已经很难看到那些古籍，就是在博物馆也难得一见完整的简策。

2. 帛书

帛书指书写在帛上的文字（图1-15）。帛的本意为白色丝织物，即本色的初级丝织物。至晚在春秋战国时代，帛已经泛指所有的丝织物。当时，帛的用途相当广泛，其中作为书写文字的材料，常常“竹帛”并举，并且帛是其中贵重的一种。至迟汉代古籍上已有“帛书”一词，如《汉书·苏武传》载：“言天子射上林中，得雁，足有系帛书。”而帛书的实际存在当更早，可追溯至春秋时期，如《国语·越语》曰：“越王以册书帛。”不过，由于帛的价格远比竹简昂贵，它的使用当限于达官贵人。

3. 卷轴装（又称卷子装）

欧阳修《归田录》中说“唐人藏书，皆作卷轴”，可见在唐代以前，纸本书的最初形式仍是沿袭帛书的卷轴装（图1-16）。轴通常是一根有漆的细木棒，也有的比较考究，采用珍贵的材料，如象牙、紫檀、玉、珊瑚等区别品级。卷的左端卷入轴内，右端在卷外，前面装裱有一段纸或丝绸，叫做镖（图1-17）。镖头再系上丝带，用来缚扎。卷轴装的纸本书从东汉一直沿用到宋初。卷轴装书籍形式的应用，使文字与版式更加规范化，行列有序。与简策相比，卷轴装舒展自如，可以根据文字的多少随时裁取，更加方便，一纸写完可以加纸续写，也可把几张纸粘在一起，称为一卷。后来人们把一篇完整的文稿就称作一卷。卷轴装书籍形式发展到今天已不被采用，而在书画装裱中仍还在采用这种卷轴形式。

4. 经折装（又称折子装）

经折装出现在9世纪中叶以后的唐代晚期，经折装的出现大大方便了阅读，也便于取放。具体做法是：将一幅长卷沿着文字版面的间隔中间，一反一正地折叠起来，形成长方形的一叠，在首末两页上分别粘贴

图1-18 经折装书籍

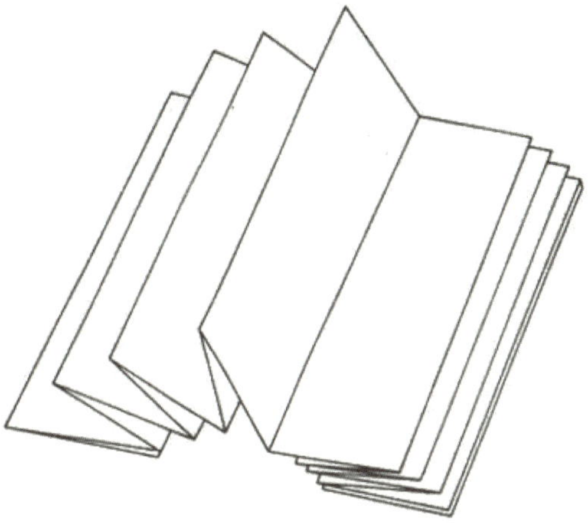

图1-19 经折装书籍图示

硬纸板或木板（图1-18、图1-19）。

经折装的装帧形式与卷轴装已经有很大的区别，形状和今天的书籍非常相似。经折装较卷轴装的优点是制作工序简单，而且很容易操作。此外，还克服了卷轴装不易翻阅、查阅困难的弊端，可以根据需要直接翻阅某一页，所以这种装帧形式被广泛采用，在书画、碑帖等装裱方面一直沿用到今天。但是，也有翻阅时间久了页面的连接处容易撕裂或者散开的缺点。

5. 旋风装

旋风装也是在经折装的基础上加以改造演变而来的，旋风装形同卷轴，由一长纸做底，首页是单面书写，将全幅裱贴在卷纸上，此页开始是双面书写，从右向左依次逐页错开后装裱在底纸上，类似房顶贴瓦片的样子，这样翻阅每一页都很方便（图1-20）。

旋风装保留了卷轴装的外形，解决了翻阅时的不方便，如同现代书籍一样，每页都可以翻动，比起卷轴装来说，里面的内容文字是双面写的，书籍的内容量大大增加了，有了明显的进步。但由于旋风装是根据自身特点而形成的一种不固定的、比较随意的装帧形式，所以仍然需要卷起来存放（图1-21）。

6. 蝴蝶装

唐、五代时期，雕版印刷已经趋于盛行，而且印刷的数量相当大，以往的书装形式已难以适应飞速发展的印刷业。蝴蝶装适用于雕版印书的特点，经过反复研究，人们发明了蝴蝶装的形式。蝴蝶装就是将印有文字的纸面朝里对折，以版心中缝线为轴心，把所有页码对齐，用糨糊粘贴在另一包背纸上，然后裁齐成册的装订形式（图1-22）。用蝴蝶装的书籍翻阅起来就像蝴蝶飞舞的翅膀，所以称为“蝴蝶装”。蝴蝶装只用糨糊粘贴，不用线，却很牢固。

蝴蝶装的应用是书籍装帧形制的一大改革，改变了沿袭千年的卷轴装，适应了雕刷一页一版的特点，是一项重大进步。但是这种装订形式，人们翻阅时会遇到无字页面，而且版心易于脱落，造成掉页，所以逐渐为包背装所取代。

7. 包背装

社会是发展的，事物是进步的，虽然蝴蝶装有很

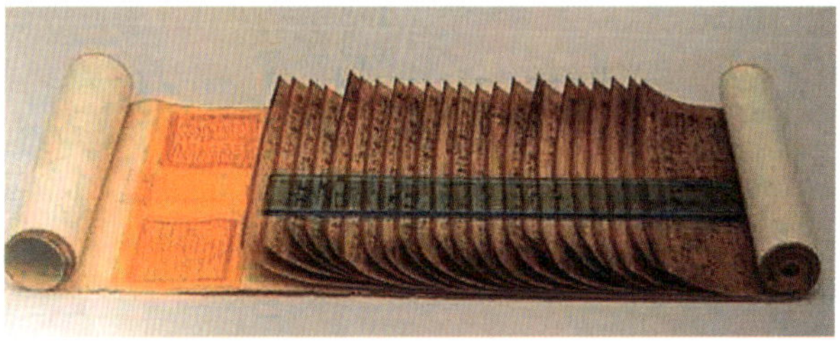

图1-20 旋风装书籍

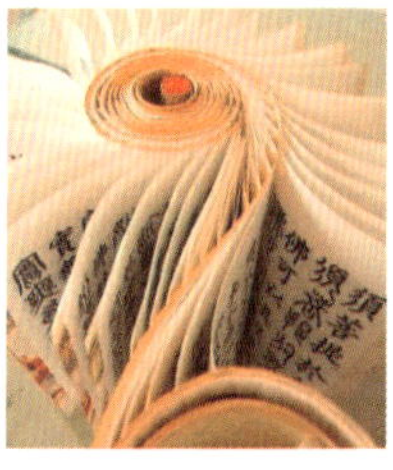

图1-21 卷起的旋风装书籍

图1-22 元代蝴蝶装书籍封面

图1-23　包背装书籍

图1-24　包背装书籍示意图

图1-25　线装书籍

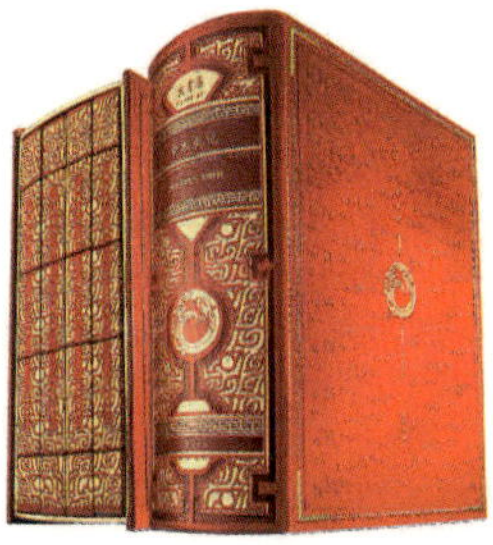

图1-26　精装书籍

多方便之处，但也很不完善，因为文字面朝内，每翻阅两页的同时必须翻动两页空白页。包背装是在蝴蝶装的基础上发展起来的一种装帧形式，因为此装帧形式源自包裹书背，所以称其为包背装（图1-23）。因此到了元代，包背装取代了蝴蝶装。

包背装与蝴蝶装的主要区别是对折页的文字面朝外，背向相对。两页版心的折口在书口处，所有折好的书页，叠在一起，戳齐折扣，版心内侧余幅处用纸捻穿起来（图1-24）。用一张稍大于书页的纸贴书背，从封面包到书脊和封底，然后裁齐余边，这样一册书就装订好了。包背装的书籍除了文字页是单面印刷，且又每两页书口处是相连的以外，其他特征均与今天的书籍相似。

8. 线装

线装书籍起源于唐末宋初，盛行于明清时期。它与包背装相比，不用整幅书页包背，而是前后各用一页书衣，打孔穿线，锁线分为四、六、八针订法，书脊、锁线外露，装订成册，这样解决了蝴蝶装、包背装易于脱页的问题，同时便于修补和重订。线装书的封面及封底多采用瓷青纸、粟壳纸或者织物等材料。在封面的左边有白色签条，上题有书名并加盖朱红印章，右边订口处以清水丝线缝缀。版面天头大于地脚两倍，并分行、界、栏、牌，并且大多数书籍配有插画，版式有双页插图、单页插图、左图右文、上图下文或文图互插等形式。（图1-25）。

9. 简装

简装，也称“平装”，是铅字印刷以后近现代书籍普遍采用的一种装帧形式。在20世纪二三十年代到五六十年代前后，很多书籍都是用铁丝双钉的形式。另外，一些更薄的册子，内页和封面折在一起直接在书脊折口穿铁丝，称为“骑马订”。

10. 精装

精装书籍在清代已经出现，封面镶金字，非常华丽。精装书多为锁线钉，护封用材厚重而坚硬，封面和封底分别与书籍首尾页相粘，护封书脊与书页书脊多不相粘，以便翻阅时不致总是牵动内页，比较灵活。书脊有平脊和圆脊之分，平脊多采用硬纸板做护封的里衬，形状平整。圆脊多用牛皮纸、革等较韧性的材料做书脊的里衬，以便起弧。封面与书脊间还要压槽、起脊，以便打开封面。

精装书印制精美，不易折损，便于长久使用和保存，设计要求特别，选材和工艺技术也较复杂，所以有许多值得研究的地方（图1-26）。

中国书籍装帧的起源和演进过程，至今已有两千多年的历史，源远流长，经历了简策、帛书、卷轴装、经折装、旋风装、蝴蝶装，一直到明清时候的线装，以及到今天引入西方的平装书、精装书，在长期的演进过程中逐步形成了古朴、简洁、典雅、实用的东方特有的形式，在世界书籍装帧设计史上占有着重要的地位。今天，我们更应该以发展的眼光，思考未来书籍装帧的发展，学习前人的经验，改善和创造现代的书籍设计形式。

三、近代书籍装帧的发展及趋势

书籍结构和形态的发展，展示着人类智慧的足迹。当下，伴随着现代出版业的逐步成熟以及出版市场的进一步灵活运营，从而促进了专业装帧设计的个体和人才队伍的不断涌现和成熟，更促进了出版业的整体繁荣发展，为书籍装帧设计提供了更为广阔的天地。20世纪以来，随着工业革命的迅速发展、新科技的创新和信息时代的来临，作为一门独立的艺术学科，书籍装帧设计得到了蓬勃的发展乃至给整个社会文明进步都提供了强大的动力。

中国现代书籍装帧设计起源于清末民初，尤其是五四运动冲破了闭关锁国的文化政策，自此西方装帧设计理念和技术进入中国古老的文化社会。伴随西方印刷术的“东渐”，西方的工业化印刷代替了我国传统的雕版印刷，因此以工业技术为基础的装订工艺产生了，同时还催生出了精装本和平装本，装帧方法也由此发生了结构层次上的变化，封面、封底、版权页、扉页、环衬、护封、正页、目录页等，统统构成书籍设计的全新的重要元素。诞生于“五四”前后的出版物，书籍装帧设计无论从理念还是技术上都实现了与新文化革命的同步效应，共同进入一个全新的历史纪元。

而这里必须要谈到鲁迅先生。伟大的思想家、文学家鲁迅先生，作为中国现代文坛巨匠，不仅在中国现代思想界具有里程碑式的地位，同时也是中国现代书籍艺术的倡导者，在书籍装帧设计工艺方面也起到了难以企及的先锋作用。鲁迅先生事必躬亲，自己动手，亲自设计了数十种书籍封面，同时还鼓励指导了一批青年艺术家的悉心钻研、大胆创作，同时还促进了理论创新方面的建树。对待设计封面这一工作，鲁迅先生自开始就表现出了吸收外来文化的开放态度，倡导“拿来主义”“洋为中用”，学习西方，与此同时也要保持对民族文化传统的继承，使书籍不失民族特色（图1-27）。除此之外，鲁迅先生还对传统的过挤过满的书版格式持反对意见，认为排版的高密度而一点空间不留，是一种设计上的弊病，需要改正。

除了鲁迅先生之外，很多学者、书画家也都不同程度地对书籍装帧设计工艺提出了自己的创新性贡献，对书籍艺术的发展起到了积极推进的作用。陈之佛先生从给《东方杂志》《小说月报》《文学》设计封面起，到为天马书店作装帧设计，坚持采用近代几何图案和古典工艺图案设计，形成了独特的艺术风格（图1-28）。丰子恺先生以漫画制作封面堪称首创，而且坚持到底，影响深远。而钱君匋先生认为，书籍装帧的现代化是不可避免的。在鲁迅先生的影响和直接关怀下，培育出了一批具有创新意识的创作队伍，但他始终没有忘记装帧设计中的民族化方向。

1949年以后，出版事业的飞跃以及印刷工艺和装帧技术的进步，为书籍装帧艺术的提高开拓了广阔的前景。而书籍装帧设计工艺在“文革”期间遭到了大举破坏，“一片红”成了当时的主要形式。书籍装帧行业一度跌入了谷底（图1-29）。到了70年代后期，书籍装帧设计事业得以复苏。近40年来，我国的书籍整体设计和封面设计已经比较成熟，虽然在印制材料、工艺、技术等方面与国际水平相比还有明显的差距，但是在美术设计的立意、构图以及绘制方面，是带有中国气派和时代特色的（图1-30）。

图1-27 《坟》/陶元庆

图1-28 陈之佛设计的《东方杂志》

图1-29 具有革命色彩的书籍封面

图1-30 写实绘画风格的封面

图1-31 烫金工艺书籍

图1-32 镂空工艺书籍

总之，作为书籍造型设计一种艺术化体现，书籍装帧设计工艺经历了中国古代和近现代，直至当代，在继承了中华传统印刷术和书画艺术为核心的装帧艺术理念的同时，在近现代又合理地吸取了西方先进的印刷技术和工艺理念，形成了中西合璧的书籍造型艺术生态。近年来，书籍装帧艺术的设计氛围和学术气息空前浓厚。书籍装帧主要在装帧材料、设计制作工艺、设计理念等方面有了很大进步和提高。各种纸张、皮革、涂塑纸、化纤布、塑料、木板等新材料的运用层出不穷。在表现手法上，电脑绘画、烫金银、镂空等新工艺广泛应用，使书籍形态呈现出了前所未有的艺术效果和繁荣景象（图1-31、图1-32）。

- 补充要点 -

“切口”的装帧工艺

书的切口有三个——书口，上切口，下切口。当一本书合上的时候，书心只有这三面会裸露在外。作为书籍最为脆弱的地方，书的切口会受到水气、尘埃、光照的侵蚀，尤以上切口和书口为甚。因此，采用圆切工艺，能够在很大程度上保护书籍，减少书籍使用以及陈列过程中的损毁问题。

第三节　书籍装帧设计的基本原则

一、书籍装帧设计的功能性和艺术性的统一

在书籍装帧艺术中，功能性与艺术性是对立统一的关系。艺术性是从属于书籍的，书籍装帧的艺术设计要通过装帧特有的艺术手段为书籍的内容服务。古人云："皮之不存，毛将焉附。"没有书籍的存在，也就没有书籍装帧艺术，这决定了书籍装帧艺术具有鲜明的功能性特征。

书籍装帧的艺术性与书籍装帧功能性的完美结合，同时也是审美功能与使用功能的完美结合。任何脱离功能性的所谓的艺术性，都是失败的。这是因为在设计者的心目中只有他自己，但是却没有读者。而任何只注重于功能性却没有注重艺术性的设计，也丧失了书籍装帧的设计灵魂，忘记了书籍装帧要依靠艺术的形式去感动人、打动人。总之，优秀的书籍装帧设计作品都应该是艺术性与功能性的完美统一。

二、书籍装帧设计形式与内容的统一

在书籍装帧设计中，书籍的内容决定了其装帧形式和装帧的表现手段，装帧设计必须反映和揭示该书的内容或者属性。如果书籍的封面设计与书籍的内容不相关，或者说它的表现形式与书籍的内容不相符，那么就会给读者造成误解或者产生歧义，书籍的内容就无法正确传达。

三、书籍装帧设计局部与整体的统一

书籍装帧设计应该是局部服从整体、形式服从内容，这是处理每一个局部时都要遵循的原则。每一个局部设计都是要围绕着一个主题——书籍的内容。书籍装帧应该根据书籍内容的总体构思和设计，每一个局部都要服从整体，而且，各个局部之间在整体的限制下要相互的协调，例如图形和图案与文字设计的协调、色彩与造型的协调、表现形式与使用材料的协调等。例如，尹琳琳的“世界最美的书”获奖作品《千古霓裳：汉服穿着文化》，真是一场视觉盛宴，现代材料和工艺的运用，巧妙地融合了古朴典雅的气息，仿佛让人穿越到千年之前的汉服盛世。图书整体设计意在表达汉服千叠百褶的典型特征及上衣下裳的设计理念，书中图案构造以及服饰排版的部分设计新颖独特，斑驳的金色与内文的丰富色彩形成强烈色差，内文的装帧布折叠成竹简形式，具有东方神秘感。封面与内文采用十种特种纸张，以不同的质感诠释汉服文化带来的独特感受（图1-33）。

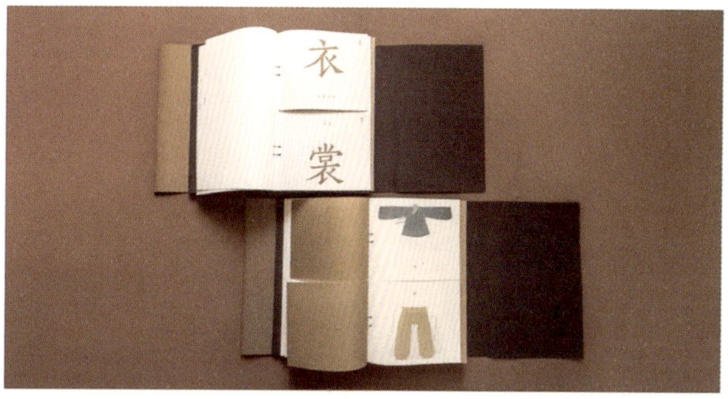

图1-33 《千古霓裳：汉服穿着文化》

- 补充要点 -

新时代书籍装帧设计的发展

互联网的出现改变了人们的生活方式，也影响了出版物的发展，其中纸质出版物受到的冲击较大。纸质出版物要想从发展困境中走出，应作出相应改变，注重书籍装帧就是解决当前问题的必要选择，为此，应加强书籍装帧设计，确保书籍具备传播功能的同时具备收藏意义。期望纸质出版物与电子出版物双赢局面的形成。

课后练习

1. 具体阐述书籍装帧的内涵。
2. 简述中国书籍装帧在起源和演进过程中出现过的主要形态。
3. 书籍装帧设计的基本原则有哪些？
4. 如何理解书籍装帧的艺术性？

第二章

书籍的结构及构成元素

PPT课件，请在计算机上阅读

学习难度：★★☆☆☆
重点概念：书籍开本、书籍的结构要素

章节导读

一本设计优秀、精美的图书在细节的表达与基础构思等方面囊括了诸多因素。设计师不仅仅要从书籍的全局内容出发，更重要的是落实到对细节的处理和把握，以此打动读者。因此，书籍开本的大小和书籍的基本构成元素作为一个与读者交流的第一视觉信息元素，设计师在选择与处理方面就显得尤为重要，从而提高读者的阅读积极性与便利性。同时，在原有的设计思路上寻求新的突破，也对设计师提出了更高的要求。

第一节 书籍的开本、比例

一、开本

在书籍设计时，第一个问题就是选择书籍的大小尺寸，也就是书籍的开本。什么是开本呢？纸张不同尺寸的幅面大小被称为开本。书籍印刷纸张大小的确定是以整开纸为基本单位，每整开纸平均折叠出多少页则称为多少开。目前国内常用的印刷类整开纸一般有两种尺寸规格：787mm×1092mm被称为正度纸，889mm×1194mm则被称为大度纸。因为正度纸纸张的开本与国际标准不一致，其将会被逐步淘汰。由正度纸切割为16小张的开本书籍叫正度16开或者16开本，由大度纸切割为16张的开本书籍叫大度16开本，由此产生了同是16开本，大小尺寸却不一样的情况。通常尺寸情况下，书写的顺序是先写纸张的短边，再写长边，而纹路用大写M表示。例如787×1092M（mm）表示长纹路，787M×1092（mm）表示短纹路。而印刷品应秉持先水平后垂直的尺寸书写顺序。

根据不同书籍的设计需求，纸张的开切法也有不同。通常分为几何级数开切法、直线开切法、横纵混合开切法。几何级数开切法是将全纸张对折裁切，所得到的幅面为对开；对开对折后再进行裁切得到幅面为四开；继续对折裁切后的幅面为八开，依此类推，还可以得到更小的幅面（图2-1、图2-2）。几何级数开切法其优点是合理、正规、纸张利用率高，装订较方便。直线开切法是对纸张有横向和纵向的直线开

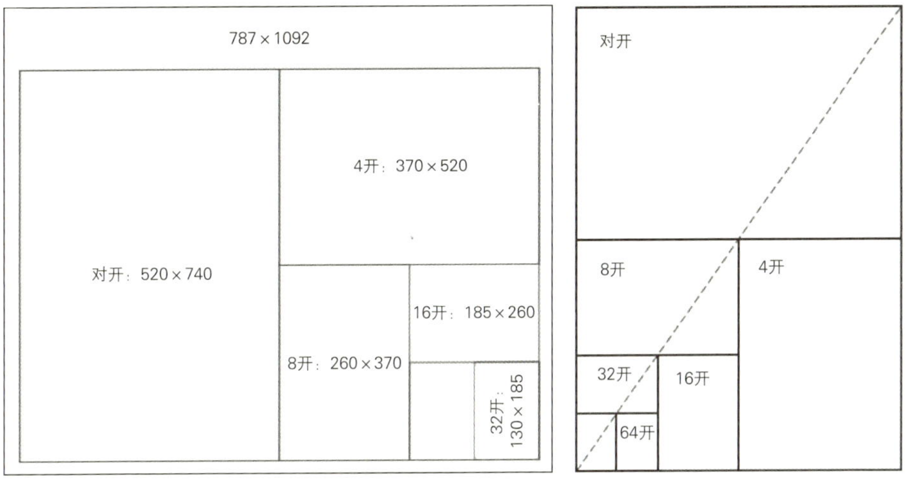

图2-1　正度纸成品示意图（单位：mm）

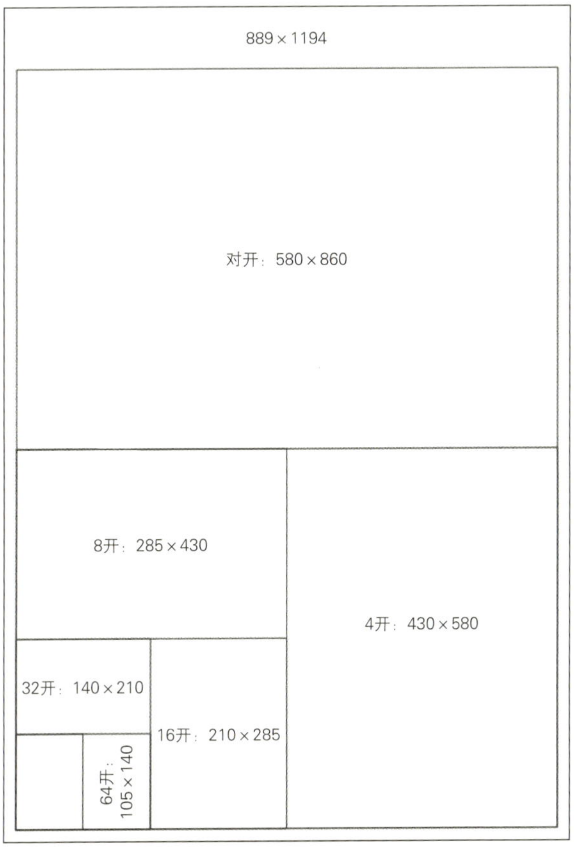

图2-2　大度纸成品示意图（单位：mm）

切，这类开切法对纸张的利用率比较高，但缺点是页数的单双数不易控制。纵横混合开切法在普通的切割工艺中不是特别常见，且极易造成纸张边角料的浪费，但此类切割方法在异型书籍的制作中常常用到。

书籍的开本根据大小可分为大开本，中型开本，小型开本和异形开本。以下将做简要介绍。

1. 大开本

一般来说12开以上的开本被称为大开本。大开本一般多适用于图表、篇幅较多较大的画册以及杂志期刊。外国期刊的封面及内文页，为了能够清晰地展示优秀的摄影内容和产品宣传，均采用了大开本的尺寸选择（图2-3）。

2. 中型开本

16~32开之间的开本一般定义为中型开本。中型开本使用的范围比较广泛，各类书籍均可选择（图2-4）。

3. 小型开本

小型开本一般适用于各类工具书、手册，常见如40开、44开、46开、50开等（图2-5）。

4. 异形开本

为了增强书籍本身的使用性、艺术性以及趣味性，设计师有时会采用多种多样的开本设计形式。设计师不再仅仅局限于开本大小的设计区别，不同形状的异形本也成为越来越多的设计师所关注的重点。特别是一些儿童类读物的书籍设计，不仅增添了书籍本身的视觉冲击力，更增加了阅读的趣味性和娱乐性（图2-6）。

图2-3　大开本图书

图2-4　中型开本图书

图2-5　小型开本图书

图2-6　异型开本图书

二、确定书籍开本大小需要考虑的因素

设计师在不断的设计摸索实践中，对于纸张规格、种类的选择以及最后印刷出版效果，应该做到心中有数，合理使用开本大小。同时，开本的确定也是吸引读者眼球、表达设计理念、创造不同形式美的重要元素。书籍的设计制作受到其出版成本的约束，但设计要依据方便读者阅读为第一设计原则，同时大小、形状合适的书籍可以给读者带来完美的阅读体验。如旅游类读物则由于消费者的使用需求大多采用小而轻的设计，更便于读者出行携带（图2–7）。开本大小的选择第二点要考虑到书籍的内容与性质，例如马列著作等政治类图书一般摆放在桌上阅读，为体现其端庄严肃性，大多使用大32开（图2–8）。再次，书籍的开本设计也要考虑到消费者的层面和图书的价位。最后，开本设计要时刻遵循美的设计原则，不仅仅是给读者带来美的享受、强烈的视觉冲击力，更重要的是设计师将书籍本身的美采用一种独一无二的表现形式来进行设计构思。

1. 读者阅读的方便性

在书籍市场中，烦琐复杂的装帧工艺随着读者对书籍便于携带的要求而变得简化，为了方便读者随时随地的阅读，腰封的设计已经不那么常见，越来越多的书籍设计采用小而轻便的开本。市场在这种趋势的变化中起到了很大的作用，读者对于之前华而不实的设计已经审美疲劳，他们更喜欢平装书。其次，另一个有效的推动力是电子书的普及，只有低成本且便于阅读的纸质书才能让传统图书更受欢迎。

2. 书籍的题材和内容

书籍开本大小的确定在很大程度上受到其内容和题材的限定，开本的几何尺度能够清楚地表达不同的情绪和视觉感受。宽幅的书籍给人纵横驰骋的感觉；窄幅的开本则显得俊俏，而标准化的书籍则显得更加稳重。

诗集。狭长的小开本比较适合诗集类的题材，开本大小往往根据诗歌行文特点，例如行短且换行较多的形式而决定（图2–9）。

经典著作、理论类书籍和教材常常采用16开与32开，这也是根据这类书籍的篇幅大小决定的（图2–10）。

儿童和青少年类读物更适宜采用较大的开本，因为这类书籍依据内容要求，常常有大量图文穿插、图片形式大小不固定，所以正方形的开本是个不错的选择，同时也比较适合儿童和青少年的阅读习惯（图2–11）。

而以图版为主的画册类书籍则更多采用大开本。画册常常以整版图画为主要内容，图版有横有竖，所以正方形的大开本比较合适。同时大开本的设计使画册本身显得丰满大气，更加适合经典收藏（图2–12）。

图2–7　旅游类读物

图2–8　政治类图书

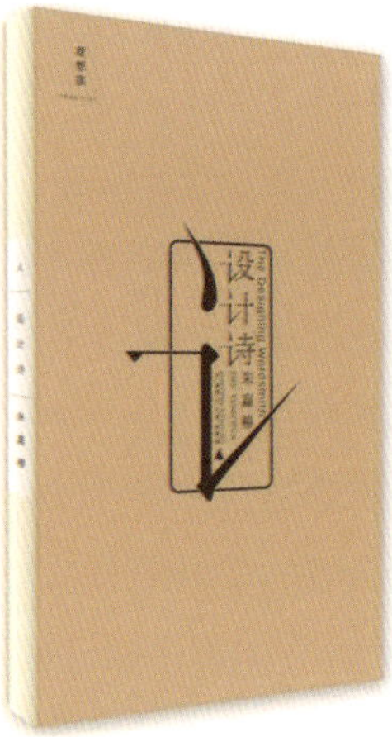

图2-9　诗集类书籍

图2-10　著作类书籍

图2-11　儿童/青少年类书籍

图2-12　画册类图书

3. 读者对象和书的价格

不同的读者，由于背景、年龄、阅读习惯等差异，对书籍开本的要求往往各有不同。设计开本的时候要充分考虑到读者的需求，如老人和儿童读物较适合采用大开本，而作为礼品具有收藏价值的书籍和普通书籍的设计应有所区别，这样书籍的设计才能更好地符合读者的需求。

－ 补充要点 －

纵开本和横开本

纵开本指书刊上下（天头至地脚）规格长于左右（订口至切口）规格的开本形式，书籍在装订加工过程中常将开本尺寸中的小数字写在前面，如210mm×297mm（长×宽），则说明该书刊为纵开本形式。横开本与纵开本相反，是书刊上下规格短于左右规格的开本形式，在装订加工过程中将开本尺寸中的大数写在前面，如297mm×210mm（长×宽），说明该书刊为横开本形式。

第二节 书籍的印张

印张是书籍出版的专用术语。在书籍的生产印刷过程中，为了便于统计和计算，不管多大的开本，都以对开纸正反两面的印刷为一个印张。比如，16开本的书籍其16个页面为一个印张，32开本的书籍即32个页面为一个印张，印张乘以开本数就是书的总页码数。

– 补充要点 –

在出版印刷中，通常都不是以书籍的页码作为计算单位，而是以印张为印刷计算单位。因此，在设计内文和排版时，最好使总页数满足整印张以免浪费纸张。

第三节 书籍的装订

根据目前市场上采用最多的书籍装订工艺来看，书籍根据其开本的大小厚度、印刷工艺、封面以及护封的包装方式等，书籍的装订可以大致分为骑马订、平订、胶装订、胶粘订和锁线订。

骑马订是最简单的装订形式，篇幅不宜太厚，一般杂志书刊和简单的单行本主要以骑马订装订。平订效果不佳，书无法平摊在书桌上，造成阅读不便，但由于它费用便宜，装订较牢固，故一些小说、刊物常采用这种装订方式。胶装订费用便宜，但不耐用，许多通俗读物常采用。穿线装订的效果最好，一般精装书籍多采用穿线配合其他装订的形式。

1. 平装书

平装书更多地注重实现书籍本身的实用性为目的，在装帧材料、装订手法以及设计形式上更倾向于平实、简练的设计手法。在结构上平装书主要由软封面和书页两大部分构成，同时一般采取简易装订，以降低成本。平装书的装订形式主要有骑马订、平订、锁线订、胶装订、无线胶订和钢丝装订（图2-13）。

骑马订：也叫骑缝铁丝订，是直接在书脊线上绑定内页和封面。骑马订的书籍没有脊背，装订过程简单，成本低，常用于页码较少的单本书。

平订：即铁丝平订。是将印好的书页经折页、配贴成册后，在订口一侧离边沿5毫米处用铁丝订牢，再包上封面的装订方法。

锁线订：将每个纸张于书脊处戳齐，用骑马订方式锁线，装上护封后，再把除书脊以外其他三边裁齐。这种装订方法成本较高，但比较牢固，因而适合较厚的书籍或重点书籍。

2. 精装书

随着出版业的发展，精装书的应用领域也在不断地扩大。精装书不仅设计制作精美，且易长久保存和收藏，所以精装书越来越受到广大书籍爱好者的喜爱。精装书的装订方式是从西方借鉴而来，其特点是书芯外有硬壳，封面通常带有顶头布。精装书的用料比平装书要讲究，很多精装书都会配有护封、腰带、书签带，以及封套。精装书与平装书的区别主要相对于成本和制作工艺而言，一般来说精装书较平装书工艺繁杂，制作用材考究，多采用书壳也就是硬封面进行设计制作（图2-14）。

3. 线装书

早期的中国传统图书以线装装订形式为主，线装书最早出现在我国的明

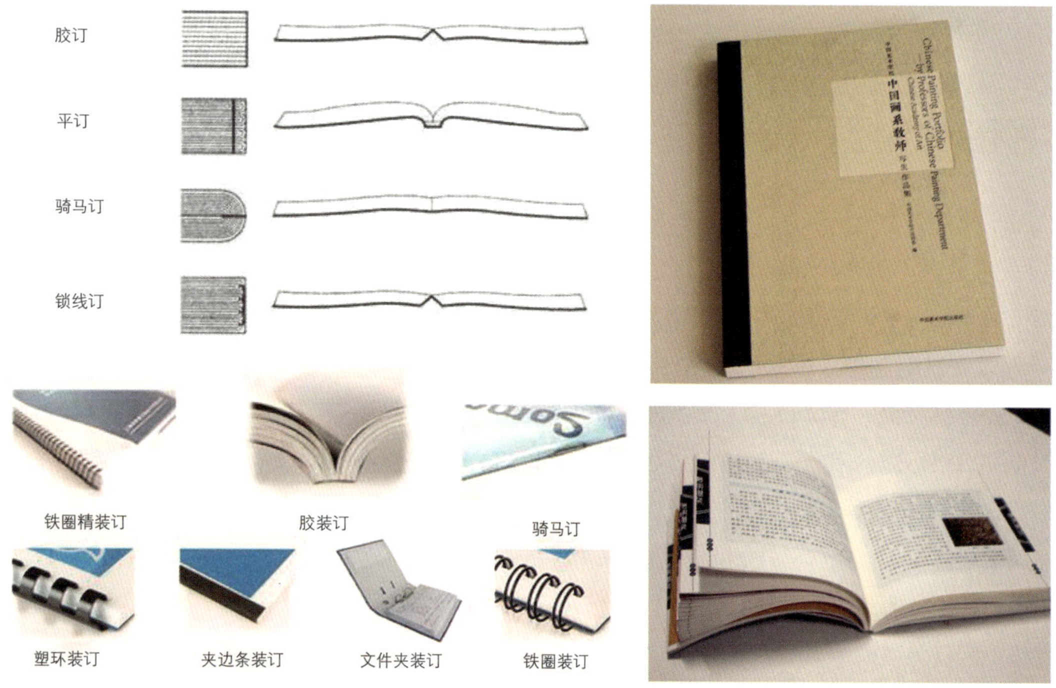

图2-13　平装书的装订

图2-14　精装书的装订

代中期，线装装订法也是传统装订技术史上最先进、应用最广的装订方式之一，其特点为便于翻阅且不宜散破。随着当今书籍设计的不断发展和创新，今天的线装书籍以全新的设计形式与订装工艺不断涌现。还有一些古代文学类精装书的设计采用线装与胶装相结合的装订方法，体现出与众不同的设计品味与理念。线装书具有鲜明的中国民族风格特征，是“中国书”的代表形象（图2-15）。

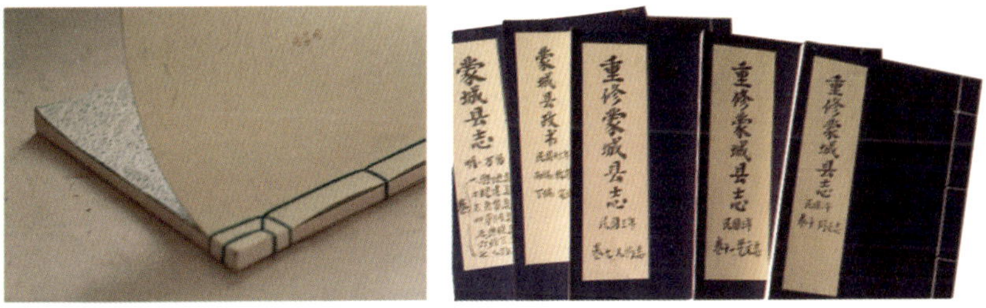

图2-15 线装书的装订

— 补充要点 —

书籍设计的装订方式涉及的工艺技术十分广泛。随着现代科技的发展，各种各样的装订方式应运而生，设计师应全方位、多角度进行选择，并充分考虑装订方式所带来的视觉效果以及成本和实用性等。

第四节 书籍的结构要素及设计方法

书籍主要的结构构成，依据不同的书籍各有所不同。精装书主要包括封面、护封、书套、腰封、封底、书脊、勒口、环衬、扉页、目录、内页、插页等（图2-16）。而简装书的结构根据书籍制作成本等原因，则相对比较简单，主要包括封面、封底、书脊和内文页。

一、护封设计

在精装书中，书籍本身封面外的额外一层包封纸被称为护封。护封

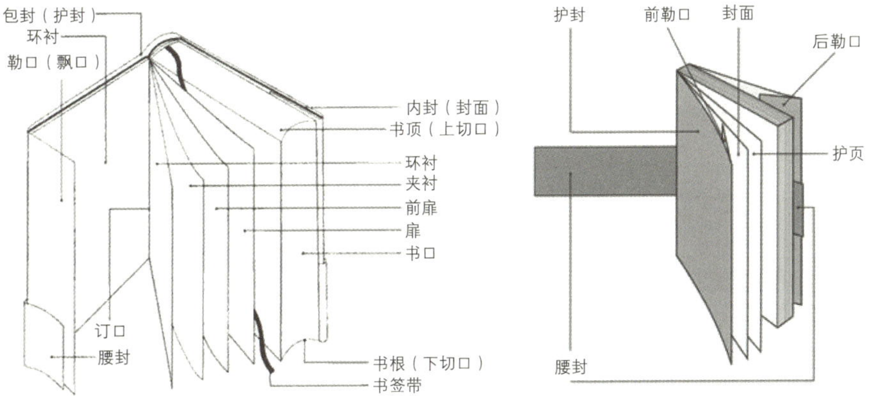

图2-16 书籍各部主要结构

在功能上可以起到保护、美化、提高书籍档次和质量的作用，同时也是书籍封面及整体设计制作的重中之重。护封的设计要依据书籍内容、封面、不同的结构以及开本大小进行设计。设计制作护封时，依据内容选用不同的材质以及特殊纸张，不仅可以增加书籍的广告效应，使其在销售书架上更加醒目，还可以增加读者阅读兴趣（图2-17）。

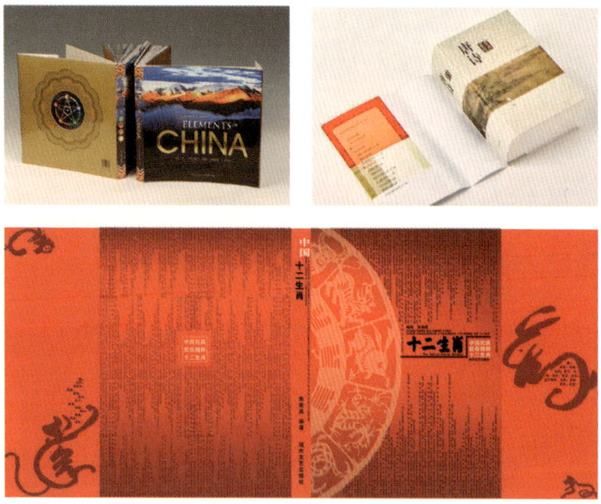

图2-17　护封的设计

二、书套设计

书套也称为书盒，一般多出现在精装书籍的设计中，是为了保护多本成套图书分册以及分卷的一个统一的书盒外衣。在设计上要顾及多册图书的连续性，多方面全局考虑设计的内容以及形式，在装帧与材料的使用上达到统一。书套制作的材料选择也是其设计的重中之重。在保证保护书籍的前提下，选用一些特殊的材质，如纺织品、木制品以及金属制品则更可以给精装书增添一定的收藏价值，同时匠心独运的书套设计还可以增加书籍本身的意蕴，透过设计使读者直观地感受到书籍所要表达的内容以及氛围（图2-18）。

三、封面设计

封面以色彩、图形和文字的设计运用为主要组成内容。根据书籍不同的内容以及其阅读受众，设计师应采用不同的审美以及设计方式来进行呈现。设计师可以侧重于书籍的某一些重要内容来进行构思，通过不寻常的创意构思和设计方法创造视觉冲击力和感染力以吸引读者注意力（图2-19）。

再如儿童类读物的设计方式应从书籍内容本身寻找，协调书籍内容与封面表达的协调统一，引起小读者的阅读兴趣（图2-20）。

图2-18　书套的设计（书盒设计）

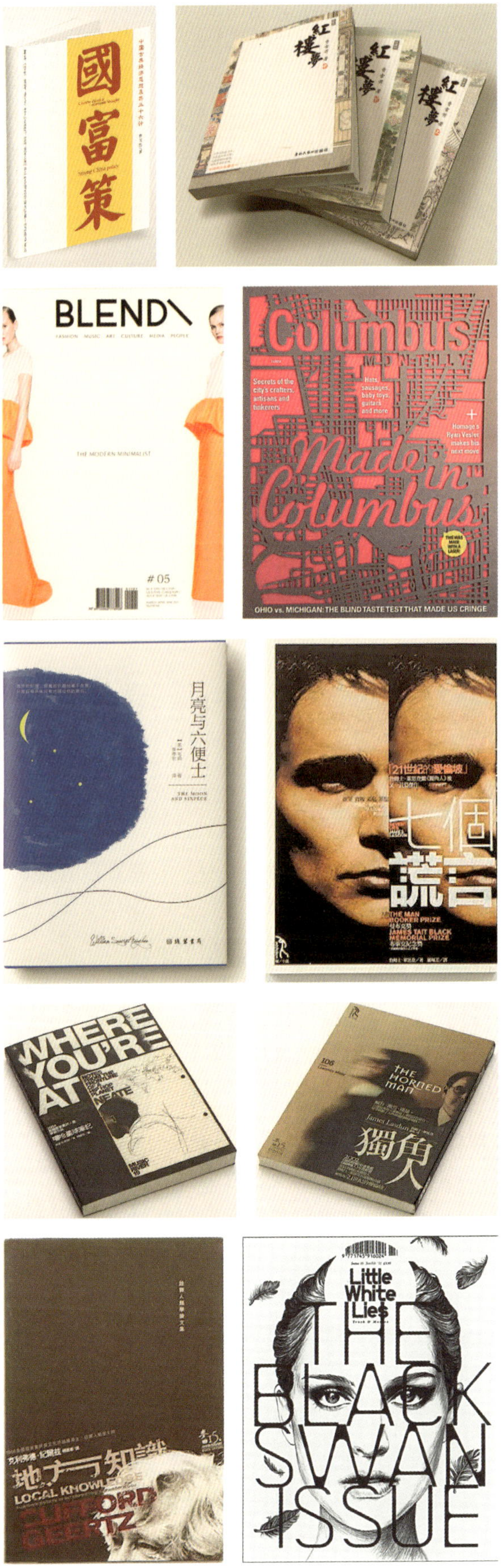

图2-19　封面的设计

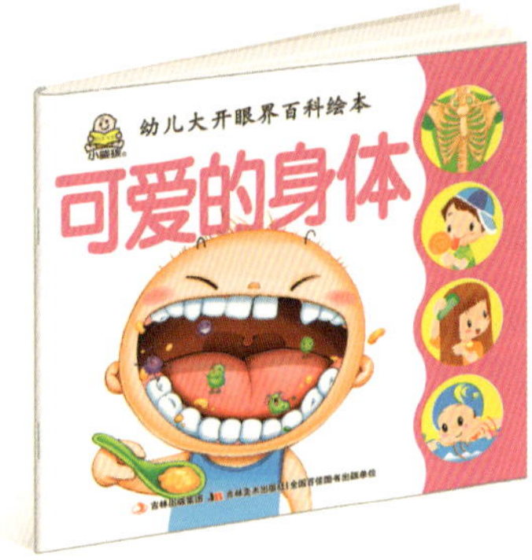

图2-20　儿童读物封面的设计

四、腰封设计

腰封一般采用厚度、硬度以及韧性较强的纸张整个包裹在书籍的最外侧。其宽度大约为整个书籍的三分之一左右，而腰封的长度是由上下勒口与封面、书脊、封底的厚度相加所得。腰封的作用一般是辅助书籍自身的宣传与推广（图2-21）。

五、书脊设计

书脊顾名思义，是书籍的脊部，左右连接封面和封底，也是书的厚度，一般印有书名、作者以及出版社等信息。书脊的设计应充分考虑到整体书籍的设计风格，使艺术性与其功能性达到完美结合（图2-22）。

六、勒口设计

平装或精装书籍封面和封底向内的折页被称为勒口。它在功能上可以有效防止书籍因为长时间的使用而使得封面外卷或者内页卷起。勒口的设计方

图2-21　腰封的设计

图2-22　书脊的设计

图2-23　勒口的设计

式灵活多变，可以是封面的延伸以作为正文的补充或是作者简介，还可以加入一些功能性的设计方案如插CD或者书签的切口。勒口的宽度一般为封面的1/3左右，如宽一些是封面的1/2，则显得书籍更大方一些（图2-23）。

七、环衬设计

环衬大多应用于精装书籍的设计，打开封面后的第一页和第二页称为前环衬页，与封底相连的称为后环衬页。环衬页起连接支撑的作用，同时使书籍更加牢固，也使书籍显得讲究、气派（图2-24）。

环衬是承上启下的中间环节，使视觉在封面这一

图2-24　环衬的设计

喧闹的气氛中得以安静、停息，快速进入阅读状态。因此在书籍装帧设计中，一定要充分把握好封面与环衬之间轻重缓急的关系。同时，环衬的设计应避免太过花哨。作为书籍主体的补充和陪衬，环衬的设计应该比封面简洁，具体方法可以通过减弱色彩和图形的对比度来表现。在色调处理上，儿童读物、画册等适宜用鲜明和强烈色彩；而科技书、理论书和古典书籍则适宜用淡雅和庄重的色彩。总之，环衬页的设计，其材料、构图、图形、色彩等都要根据书籍的整体设计来考虑，并要与书中的其他环节取得对比与和谐。

八、扉页设计

扉页也叫书名页或内封，其位置是在书籍环衬页的后边。扉页不仅是对书籍进行装饰，也是对书名、作者、出版社的补充和进一步的说明。扉页上最基本的构成元素是书名、作者名、出版社名和稍加装饰的图形，这些文字的排列和图形的位置没有特殊的规定，但是其风格必须与封面文字的排列协调，重点突出书名；在设计上应清新、端庄、稳重，忌复杂，同时要避免与封面产生重叠之感；图形采用装饰性图案或插图，或简洁概括的抽象图形；色彩对比上不要太强烈，一般不超过两色，这样才能使读者心里逐渐平静下来并进入正文的阅读。

扉页的设计处理一定要避免过分繁杂，其数量要根据书籍的特点和装订需求来考虑。目前常见的扉页设计以简约风格为主，且常配合护页和版权页一起考虑设计，达到书籍设计之美而自然流畅的感觉（图2-25）。

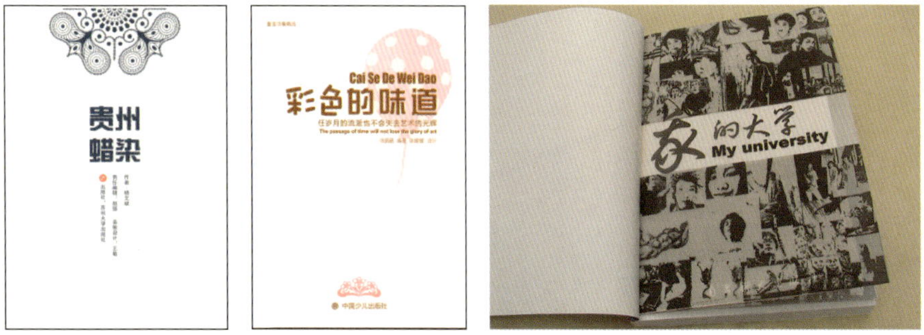

图2-25　扉页的设计（作者王敏、张媛媛）

九、序言设计

序言是编者要说的话或对整个书籍的概述，一般置于目录之前。但有些书籍的序言和正文有着非常紧密的联系，序言根据需求也可安排在目录之后，正文之前。除了文字的编排，设计师也可以考虑加入一些与书籍有关的设计性元素，或者运用版式的变化来达到与内容的和谐统一（图2-26）。

十、目录页设计

目录首先要考虑其帮助读者检索信息的功能。在设计样式上更要注意避免华而不实而丧失其基本功能，通常会采用版式的新颖来达到设计的多样性，给读者耳目一新的效果（图2-27）。

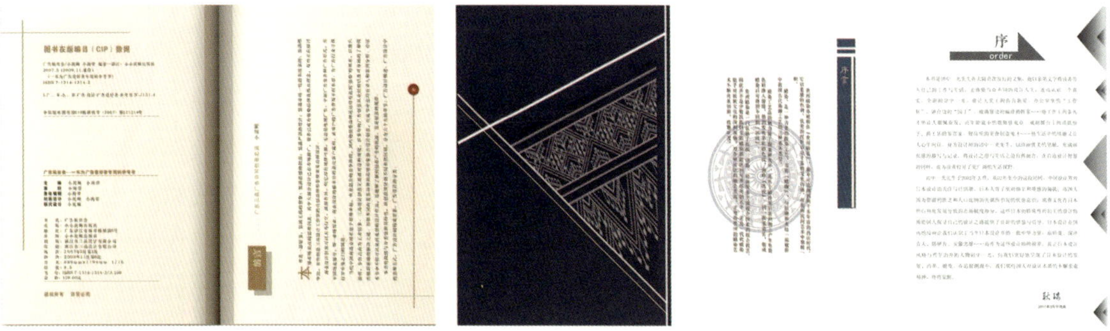

图2-26　序言的设计

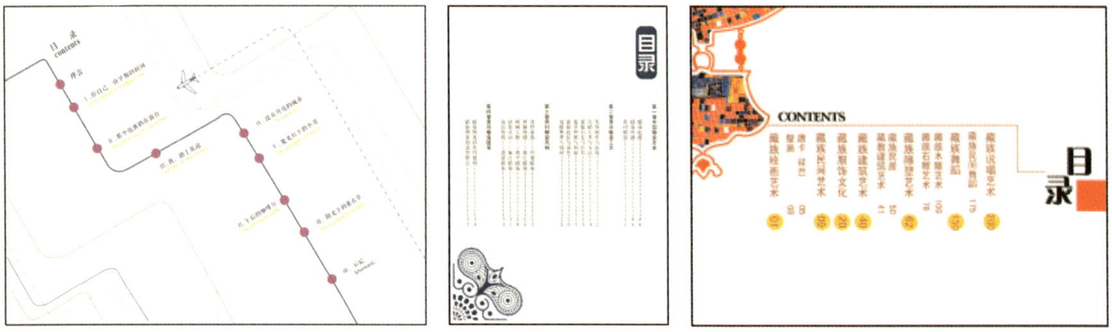

图2-27　目录的设计

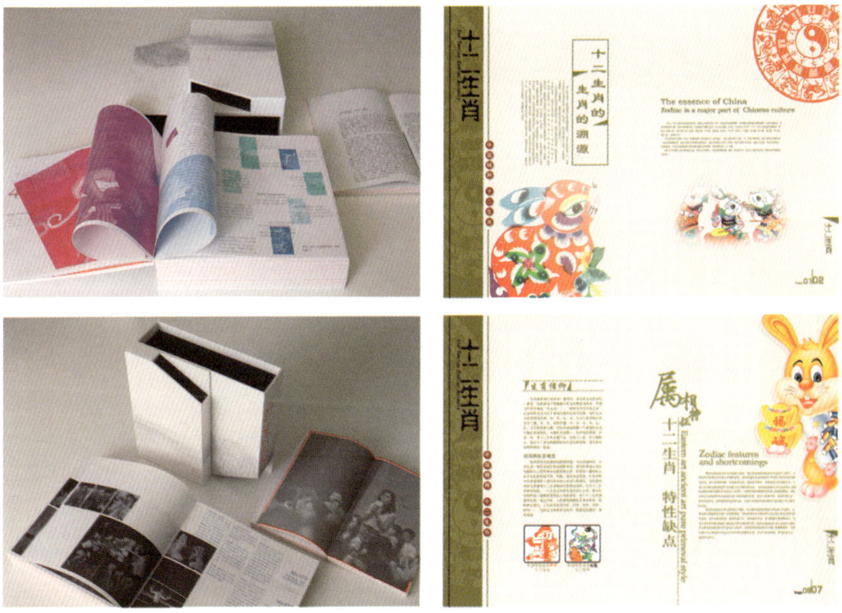

图2-28　内页的设计（作者朱海燕）

图2-29　罗伯特·穆迪出版图书的切口设计

十一、内页设计

书籍内页包括环衬，扉页，目录，正文。前面三部分的设计方法已在前文中做出介绍，这里将着重研究正文的设计。正文包括版心、字体、注文、标题等。版心设计一般取决于开本的选择，通常会留出一定的空白空间，以便使读者更好地集中注意力，提高阅读效率。而字体的选择及排版则是需要设计师花心思重点设计的方面，不同的字体及字号的选择对书籍整体感的表达起到极大的作用。字体的选择常常要根据书籍的内容而定，从而达到字体与内容相适应。注文的设计往往会采用比正文小一到二号，或采用斜体或带有下划线的文字。而标题则应该根据具体内容和需求进行独特的设计（图2-28）。

十二、切口及订口的设计

早在几个世纪以前，艺术家们就对切口别出心裁的设计产生了浓厚的研究兴趣。1873年，设计师罗伯特·穆迪出版的《春》《夏》《秋》《冬》四本书向读者展示了他的隐藏性设计。这四本书籍的切口处乍一看都是采用镀金的手法制作，只有当读者翻开书籍轻轻挤压图书切口处时，美丽的画作才会完整地呈现出来（图2-29）。

现代书籍设计中，对于切口的设计大多数的书籍从设备和成本的角度出发一般以留白为主，而单一色或者多种颜色的选择也比较常见。随着印刷制作技术的日益更新换代，设计对于切口美观性和功能性的考量也有了新的认识和理解。《中国传统色：敦煌里的色彩美学》一书设计精美，在切口处设计有“菩萨”形象，并在书套镂空结构处呈现。透过镂空结构，读者能够直观观看到书籍切口上的精美图案，极具吸引力（图2-30）。

图2-30　《中国传统色：敦煌里的色彩美学》一书的切口设计

补充要点

页眉与页码

页眉是在版心以外、天头附近的空白处表述书名、章、节标题的简单文字。页眉设计要注意精巧、干净、符合书籍设计的整体风格。

页码是书籍的每一页面上标明次序的号码或其他数字。书籍每一页面上标明次第的数目字，用以统计书籍的面数，便于读者检索。书籍页码的标注法有两种。第一种方法是扉页、序、目录、正文统一计算页码，而前者不标页码，称为暗码，要从正文的首页才标示页码，正文的首页码可能为“3”或“5”或“7”等。第二种方法是正文的前面部分与正文部分分开标示页码，正文的首页码为“1”。

课后练习

1. 根据诗集风格和内容设计一本诗集书籍。要求：内容自选、书名自定，选一册你喜欢的诗人的诗集，根据诗人生平、诗集主题，设计它的开本、封面、扉页、内页、版心等。
2. 什么是书籍的印张?
3. 理解并掌握扉页的含义，说明在书籍设计中如何表现扉页。
4. 书籍的装订类型有哪些?
5. 环衬页的作用有哪些?

第三章

书籍封面、护封的构思与创意表现

PPT课件，请在计算机上阅读

学习难度：★★★☆☆

重点概念：书籍封面、护封的图形、文字、色彩及设计形式的传达表现

章节导读

一个好的书籍封面设计首先要有好的立意，立意是决定设计成败的关键。其次，要充分发挥创意性思维，突破已有的、陈旧的观念，在不断创新中寻找一切可能性。找到书籍内容与封面设计的最佳切入点，选择设计适当的图形与色彩，从而提高封面的品质和书籍的整体形象。

第一节 书籍封面、护封的任务使命

在书籍设计艺术中，封面、护封设计是最先呈现在读者面前的设计元素。书籍封面就如绘画一样，画面美不美，首先看整体的第一印象，其次看画面所传达出来内容。当我们拿到一本书籍时，首先看到的就是书籍的封面，所以一般对于书籍第一印象的好坏往往也是由封面决定的。正因为封面和护封在书籍设计中有举足轻重的地位，所以封面和护封被赋予了重要的使命。

封面、护封是书籍内容内涵的传递窗口

书籍的核心要素就是书籍的内容，当读者第一次拿到书籍并对书籍进行初步衡量的时候，或许他已基本了解书籍的内容，或许他对书籍内容一知半解，或许他对书籍内容完全陌生，这就是读者一个感性的判断过程。这时就需要书籍封面或护封作为指导，要求书籍封面传递出书籍的内容内涵，为书籍内容内涵服务。书籍封面或护封的设计者应对书籍的内容、主题、性质、特征等进行深入的研究，对书籍内容形成深刻的理解，结合多方面的生活感受，提炼出书籍的主题思想和具体的艺术表现方式。

书籍内容是书籍封面、护封立意的决定性因素，也是决定书籍封面、护封设计成败最重要的一个因素。例如书籍设计师黄龙祥所设计的《中国针灸史图鉴》(图3-1)，这本书是中国针灸的解析大全，包含着与针灸相关的中国传统文化和中国针灸的历史。在对这本书进行封面设计时，设计者提取了八卦、易经、阴阳学说等中国元素以及人物全身脉络图，把这些元素重新编排组合汇集叠加在封面之中，更深层次地体现出中国传统思想指导下的针灸文化，使读者

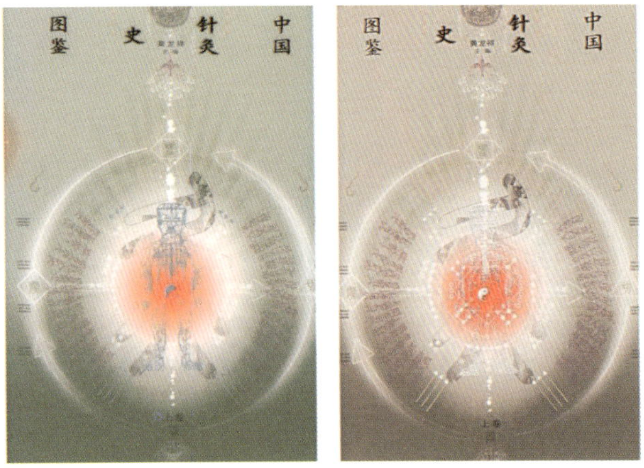

图3-1 《中国针灸史图鉴》封面设计

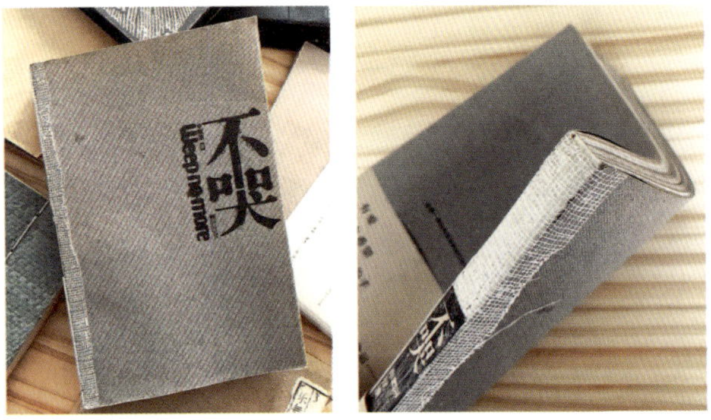

图3-2 《不哭》书籍封面设计

图3-3 《源氏风物集》书籍封面设计

更为直观地感受到了书籍的内容内涵。由任步武编著的《绘图金莲传》（图3-2）亦是如此，《绘图金莲传》是著名作家冯骥才《三寸金莲》的小楷书法本。《三寸金莲》讲述了在明末清初时，家境贫寒的女子因三寸金莲嫁入豪门，又在两次“赛脚”中先失宠后得宠，最终成为缠足习俗拥护者的故事，故事内容极其深刻地揭示出了中国传统文化的魅力与糟粕，中国“缠与放”的过程以及当时中国妇女生活的民风民俗。由著名书籍设计师朱赢椿设计的书籍《不哭》（图3-2）获“中国最美图书”，讲述了18个挣扎于生存和教育困境中的少年真实的故事，他们在极端的环境中，却仍然保有自己的梦想。正是这些梦想，让他们拥有继续生活、前行的力量。虽然这本书籍的名称叫《不哭》，但篇篇都让人泪湿衣衫。《不哭》的设计者朱赢椿，用将近半年的时间，将这本书设计得极具创造性与冲击力，贴着纱布与毛边纸，让时间凝固的书脊，封面“不哭”二字上有着像被泪水浸湿般的印迹，整体色彩是灰黑色的，展现了少年们的贫苦与无助、痛苦与挣扎，也使人心情沉重。

二、封面、护封具有保护书籍的功能

书籍封面、护封的设计最初是源于保护书籍的功能性考量，其次才是美学层面的延伸。但无论如何延伸和拓展，排在第一位的仍旧是书籍封面的功能性。不同的使用方式会带来许多破坏的可能性，所以好的书籍封面或护封设计要规避书籍在使用中的破坏，充分利用书籍封面或护封设计中纸张、纹理、形态等元素保护书籍，书籍封面或护封在书籍流通和保存方面起着至关重要的作用（图3-3）。

三、封面、护封是书籍整体形态的一部分

书籍封面、护封设计属于书籍设计的一部分，它们应与书籍设计中其余的部分相辅相成构成一个设计整体。这个设计整体应该是统一的、和谐的、完善的，提高着书籍整体的质量水平。在设计书籍封面、护封时要时常考虑到书籍的整体形态，例如要统一封面、封底、环衬、扉页和版式的风格，熟悉书籍制作的流程工序和印刷工艺，把书籍封面设计中的印刷工艺与装帧材料进行有机的结合等。

《怀珠雅集》（图3-4）是藏书票创作者的一本画集，这本书籍在进行封面设计时充分考虑到了书籍的整体形态。书籍整体的设计构思是传达出中国文化的

特质和书卷气息。在封面设计上设计者采用了中国古籍的视觉元素以及手工宣纸和麻绳系扎等制作方式。内文做成筒子页，左开合，使用了既传统又创新的线缀装订方式，在内文版式中强调了文字和视觉符号的循环，与封面视觉符号相辅相成，既整体又统一。

四、封面、护封具有宣传书籍、促进销售的功能

一个优秀的封面、护封设计不仅只考虑到版式的排列，还会考虑到整体的颜色搭配、字体摆放以及构图等。想要形成很好的封面效果就需要将这些元素很好地融合在一起（图3-5、图3-6）。

图3-4 《怀珠雅集》封面设计

图3-5 《我是盛女》书籍封面设计

图3-6 中国台湾Ting An Ho小说书籍封面设计

> **－补充要点－**
>
> 封面和护封是书籍的精美外表和标志性面孔，具有保护书籍内部页面（书心）和展现书籍内容的外在作用。封面设计应在符合内容的前提下，具有强烈的视觉冲击力，能够在第一时间吸引读者的视线。否则，一本书不论内容有多么精彩，如果不能吸引人们的视线，很好地表达书籍的精髓，也会被淹没在书籍的海洋中。

第二节 书籍封面、护封的创意构思

随着人们生活节奏越来越快，获取信息的途径越来越多，如何使读者在快速预览书籍中被吸引并留下深刻印象成为书籍封面、护封设计的重要关注点。书籍封面综合了文字的排列、图片的分布、色彩的搭配以及材质的选取等，直观地将版面的编排呈现给读者。在这个呈现过程中书籍的封面创意构思就显得尤为重要。

书籍封面、护封的创意构思可以从以下几个因素去考虑。

图3-7 Xstrat书籍设计

图3-8 Irina Vinnik精美的童话书籍设计

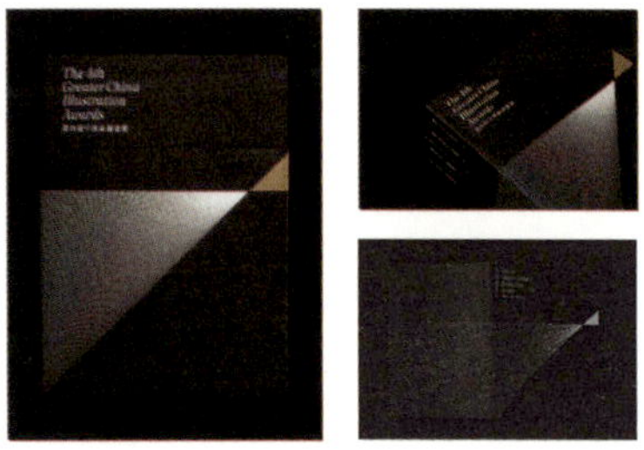

图3-9 第四届中华区插画奖书籍封面设计

一、读者的年龄层次及文化水平

充分考虑到读者的年龄层次，书籍可划分为少儿读物、青年读物和中老年读物等。在构思少儿读物的封面时，可相应关照少儿感兴趣的方面和理解能力尚浅的特点，多增加书籍的趣味性、知识性和体验性，突破传统书籍封面设计的局限，使画面单纯直接、生动活泼、色彩绚丽地呈现出来。如采用镂空或立体的制作方式搭配鲜亮的色彩，吸引小孩的注意力，从而提升少儿读者的阅读兴趣（图3-7、图3-8）。

在设计青年读物和老年读物的时候，可以针对此人群文化水平较高的特点，运用抽象性、象征性的方法进行封面设计，构图也可以相对严肃庄重（图3-9、图3-10）。

二、学科、功能分类

如按学科对书籍分类，可以分为：人文类书籍和自然类书籍两大类。

人文类书籍包括哲学类、小说、艺术类、政治类、经济类等。自然类书籍包括科技类、地理类、物理类、数学类等。不同的学科根据不同功能，可分为教科书、工具书等。

不同学科、不同的功能在书籍封面设计上也应有所区分，例如科技类的书籍封面可以采用抽象前卫的视觉元素，用“纯形式”的设计方法来表达设计者对书籍内容的理解，“纯形式”是一种无“具象”的形式美，代表着思维的深邃与空灵，以简单的图形组合为设计元素把“纯形式”转化为“形象内容”，很好地表达了设计者对书籍内容的把控能力（图3-11）。

文学类的书籍相对深沉感性，严肃高雅。在书籍封面的表现手法上可以采用具象的表现手法。直接把书籍中的人物、风景、器物等具象的视觉元素放置在封面中，与书名形成一个视觉整体。这种具象的表现方式在西方十分常见，但在中国人的审美传统里更喜欢寓意的方式，结合中式的设计方法可以用间接式的象征方式来避免过于直白的弊端，给读者以想象的空间，构成中国书籍设计的独特韵味。例如丁聪先生设计的《四世同堂》（图3-12）的封面，用一个图案化的北京的门楼点出了书籍主题。以北京的门楼淳朴的美，表达着人民对祖国家园的爱，设计者利用这种相近事物的联想关系，使封面设计的视觉内容充满诗意。朱赢椿先生设计的《蚁呓》书籍封面几乎纯白，看不出作者姓名、出版社等信息，只有几只小小的蚂蚁，设计逼真，如同真的蚂蚁爬在书上一样。将渺小的蚂蚁象征宇宙中渺小的人们，以蚂蚁的视角拟人化地表达了设计者对生命的感悟（图3-13）。

图3-10 《鸣远堂》书画珍藏书籍封面设计

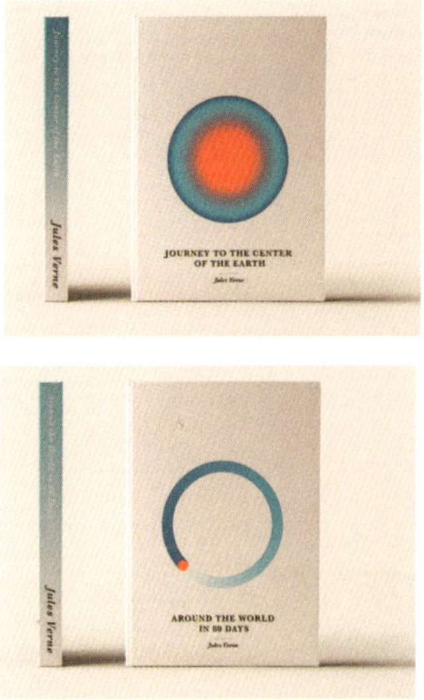

图3-11 Janet Wright科学探险系列书籍封面设计

图3-12 丁聪《四世同堂》封面设计

三、书籍的商品属性

书籍不仅仅是精神的产物还具有商品的价值属性，商品的价值属性决定书籍的封面设计要新颖、能一下抓住读者的目光并使读者的目光聚焦于此。根据消费者求奇、求变、求新的消费心理，书籍的封面设计可以大胆地采用新技术、新材料，带给人新奇的感受，使书籍封面产生不同的视觉效果，具备强烈的吸引力，增强消费者的购买欲望（图3-14、图3-15）。

当然在采用新材料新技术的同时要注意艺术的美感，以现代的视觉处理方式为基础，体现和探究美的本质及形态是书籍封面设计的最终目的和根本要求，让技术与艺术的美和谐统一在书籍封面设计之中。

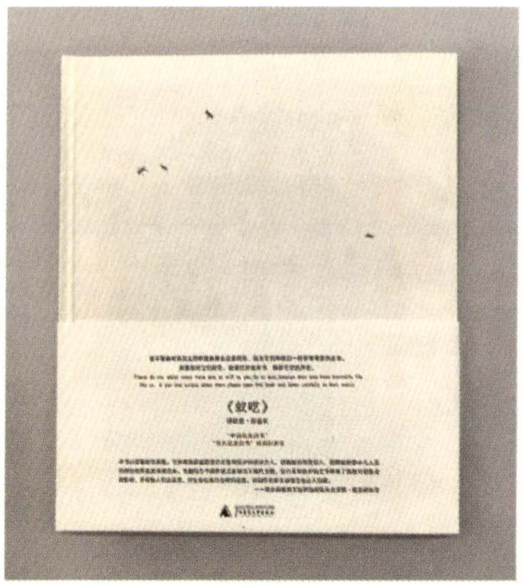

图3-13 朱赢椿《蚁呓》封面设计

图3-14 《哥伦比亚文摘》封面设计

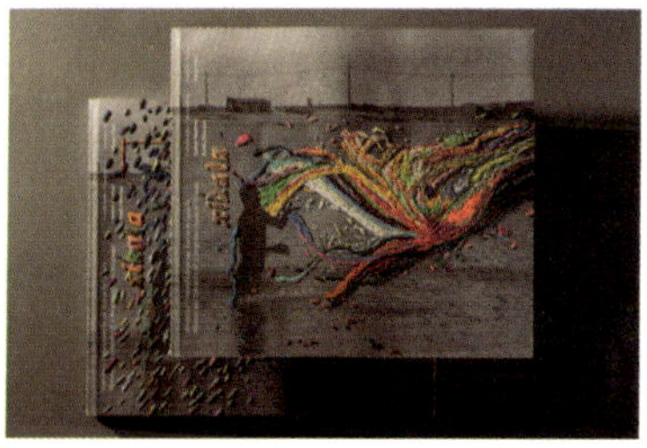

图3-15 《The Chicala Observatory 文化档案》封面设计

- 补充要点 -

书籍设计构思的整体性原则

在构思设计的过程中，应当遵循“整体——局部——整体”的原则，即在对书籍内容理解的基础上立意，根据立意来完成书籍开本的确定，选择、创造契合主题的视觉元素，对材料尤其是不同质感的纸张的合理运用，对印刷工艺与装订形式的选择等综合构思过程，做到“意在笔先”，再根据构想逐一着手实现各元素的设计完成，步步深入局部的细节设计中去，最后仍然要回到书籍整体性的高度来对设计元素进行调整和取舍。

第三节　书籍封面、护封的追求创意的方法

图3-16　Hanzi Kanji Hanja书籍封面设计

一、注重版式形式美的创意设计

富有创意的版式设计要求突出封面的形式美，通过现代、新颖的方式塑造形式和展现主题，增强其视觉冲击力，给读者以全新的感受（图3-16、图3-17）。但在突出封面形式美的设计过程中，也要注意不能一味地为了形式去拼凑元素，强行组合没有实际内容意义的流行元素。要使设计中每个元素的存在都有相应的价值，都能体现书籍内容的深刻含义。书籍封面点、线、面的构成也要依照排列的原则，元素与元素之间的组合还要注意差别、注意变化。差别小，变化不明显，那么对读者的视觉冲击力就小。反差大，变化显著，那么对读者的视觉冲击力就大，更具有视觉张力，更容易吸引读者的目光。

二、突出书籍主题，注重书籍封面实用性与审美性的统一

将书籍封面元素有主有次、有强有弱的布局排列，只为清晰地传达出书籍的主题思想。书籍是文化消费的对象，应注重对文化的传承与延伸。在书籍封面设计上所应用到的每个视觉元素都要有其设计思想作为支撑。图片与文字的编排要错落有致、分清主次，图形的选取不宜复杂但也要有所看头，或增添一些趣味性的元素，充分体现设计者的审美品位。在印刷工艺、色彩搭配和图形设计上要更多地融入创意思维，具有创意的书籍形态现阶段往往由平面化、静态化转向立体化、动态化、综合化（图3-18），形成了书籍封面设计的新语境。

图3-17　Elektra 2013系列书籍设计

三、适当的留出空白

留出空白是一个很重要的表现形式，同样它也是整洁、美观、留有思考余地的表达方式。在书籍封面设计中文字、图片是必不可少的组成元素，然而充斥着各种标题、文字、图片的版式设计虽然可以醒目地传达出书籍的内容，但同时也失去了设计本身的意义和趣味性，显得略为杂乱呆滞。留有适当的空白反而能让图片和文字更加引人注目。一虚一实，传达出美感并留给读者更多的想象和思考空间（图3-19）。

图3-18　国外书籍封面作品

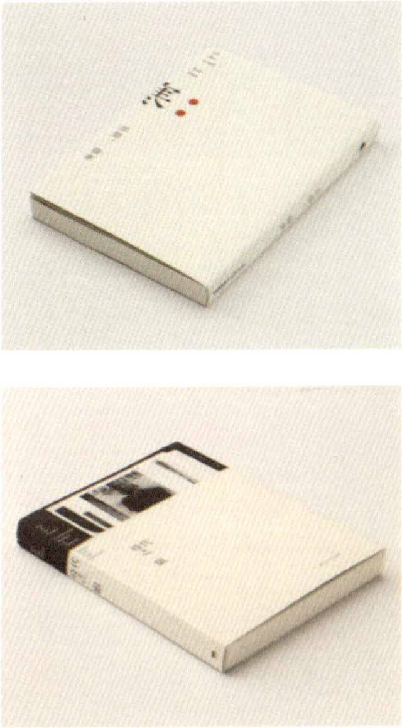

图3-19　王志弘书籍设计

图3-20　国外书籍封面作品

四、有效地编排色彩、文字和插图

色彩在书籍封面设计中十分的重要，结合一本书的内容，确定适合它的色彩进行表现，能准确传达出书籍所要表达的情感（图3–20）。封面文字的作用也是不可忽视的，文字能更直接地表达书籍的内容主题，使读者有更直观的感受（图3–21）。另外，在书籍封面设计中还要注重对插图的选取，选取合理恰当的插图，利用插图对书籍主题进行形象化的表达，会使书籍封面更加生动、活泼，增加书籍的亮点，促进书籍的销售（图3–22）。

五、强化文字创意设计

书籍是文字的载体，一本书从其书名的字体设计到其他字体之间的组合，再到封面封底上的文字内容的如何设计等，都要做到具有整体性的编排设计，文字不仅仅是语言的载体，也是一种图形艺术，要结合一

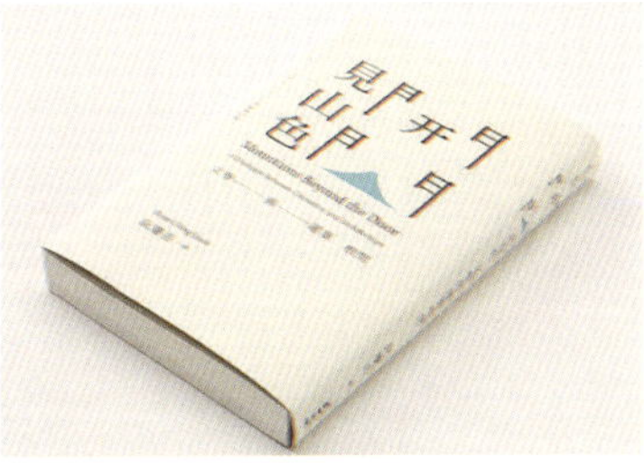

图3-21　《开门见山色》封面设计

图3-22　《画面的秘密》封面设计

图3-23 《京极夏彦丛书》封面设计

图3-24 《朱熹千字文》书籍设计

本书的特点来运用适合的字体，如果仅仅是在封面安排一些文字介绍，只能起到一种信息传达的作用，失去的是封面设计的美感，甚至失去美感的封面往往会直接阻碍读者阅读的欲望，因此文字的创意设计是十分重要的，在选择字体的时候，一定要考虑到与一本书的内容相和谐，在字库中宋体和黑体是应用较广泛的字体，大多数的设计都会结合书的内容等在此基础上进行变形、加粗、变细、倾斜等变化，创造出一种艺术化的表现形式，增强视觉冲击力（图3-23）。

六、注重材质的运用

现代《朱熹千字文》书籍设计（图3-24），封面设计师为了结合古代书籍的特点，追求一种原始的书装材质和形态来实现一种形式的回归，展现一种古朴深沉的设计风格，让书平添了几分返璞归真的色彩。选材形式是在好的创意前提下，给封面设计锦上添花。采用独特而新颖的创意、灵动的设计方式才能够为书籍带来新鲜的视觉感受。总之，随着信息时代的飞速发展，人们获取信息的渠道日益丰富，为了加深读者在快速浏览中的印象，书籍的封面设计就显得更加重要，成功的封面设计，需要多种设计因素，封面材质的不同选用带来不同的异样感受，因此，书籍的封面设计中不同材质设计的选用是非常重要的。

— 补充要点 —

关于联想的创意构思方法

联想是指因某一事物而想起与之有关事物的思想活动，由于某人或某种事物而想起其他相关的人或事物的思维过程。联想可分为相关联想、相似联想、因果联想等。相关联想指两种以上的事物由于在时间或空间上非常接近而产生的联想，如由秋天想到落叶；相似联想指两种以上的事物在结构、功能、形态等性质方面具有一定的相似性而产生的联想，如由幼苗想到小孩；因果联想指两种以上的事物存在着前因后果的必然联系。在书籍设计的构思过程中，以设计者的感知为中心，通过各种联想思维不断向外围扩散，从而获得与主题相关的内容和表达方式。

第四节　书籍封面、护封的视觉传达表现

一、书籍封面的图形设计

对书籍封面的设计图形不仅仅是美观的问题，更是将作者的思想及作品的题材风格融为一体的创作。利用图形创意独特的视觉优势来完成书籍封面的部分设计也是广泛应用的设计方法。图形设计在书籍封面设计中发挥着文字无法替代的功能。

1. 图形要素的分类

图形艺术是指以特定的图样形式来表达人的情感世界，以特定的形象——具象、意象、抽象等要素作为媒介，来表现作者内在广阔情感精神的一种艺术语言。早年间的书籍设计受到技术和制作工艺的限制，图形要素十分单一，多数以绘画艺术的形式呈现，图形更多的是起到装饰美的作用。科技的进步和“读图时代”的到来使得图形语言更为多样和重要，图形作为一种“国际语言”出现在封面设计中，还有利于书籍的国际交流、艺术交流。封面设计中的图形语言，重在“尽意”，即浓缩主题而“以象生意”。按照其表现形式可以分为摄影图片、绘画图片、抽象图形、图表化图形等，它们在书籍封面设计中各有各的魅力和特色。

（1）摄影图片

摄影技术的诞生在一定程度上颠覆了人们对世界认知的途径，是当今视觉艺术中直观性、真实性最强的表现形式，摄影使“传统艺术品的原真性和独一无二性受到了挑战，改变了艺术的传统价值观念，拉近了艺术和大众的距离”。1920年，乔哈特威尔德的摄影作品首次用于书籍封面，大获好评。此后，摄影图片以其真实可信、生动感人及强烈的愉悦性等强大的优势进入书籍设计领域，使书籍装帧艺术显现出鲜明的现代设计风格。摄影图片应用于封面设计中，除了考虑与书籍内容的相关性外，其自身的艺术感染力显得尤为重要，如光影、色调、构图等，有时候一张出色的摄影图片加上适当的文字编排就能够成为一张出色的封面（图3-25、图3-26）。可以根据构思和构图的需要拍摄摄影图片，加以各种可能的艺术处理。如在不破坏画面想要表达的主题内容的情况下，裁切成非常规尺寸，或裁切成能体现主题思想的任意造型，或处理成开放式的造型，打破了惯性思维下常规的、单一的横向或纵向的构图方式，能够使得封面的构图更生动、更有趣。

由于摄影从根本上颠覆了传统架构上艺术的价值，直接催生了抽象主义、立体主义、达达主义、超现实主义等现代艺术流派的诞生。其中，达达主义以摄影拼贴方法创造出全新的视觉语言，对传统版面具有

图3-25 《Homme》封面设计

图3-26 《日本茶道》封面设计

革命性突破。这种“摄影蒙太奇”手法使得设计师具有了前所未有的自由和创意，将不同时空的摄影图片及文字混合、拼接，使画面既真实又新奇，为书籍封面设计平添了戏剧和幻想色彩。

（2）绘画图形

自书籍艺术诞生起，书籍设计与绘画艺术一直紧密相连，而摄影的诞生使得书籍封面设计中风光一时的绘画艺术逐渐丧失其主导地位。在20世纪80年代，随着计算机、设计软件、扫描仪和数字绘图工具的普及，绘画图形以诗性的方式重焕光彩，尤其在文学小说、杂谈类书籍、轻松休闲的生活类书籍等的封面设计中，绘画图形以其强烈的原创艺术性和人情味打动、感染着读者。不同的绘画形式由于绘画工具、纸张和画法的不同，具有完全不同的情感和表现力，油画的厚重、水彩的明快清丽、中国写意画的气韵生动和工笔画的精致细腻、版画的“刀味”和“木味”、漫画的俏皮幽默……可以看出，在书籍封面中，即使是同一表现题材由于绘画形式的不同所带来的艺术效果和感染力也具有差异性（图3-27）。

图3-27 novum手绘封面设计

在计算机和软件的强大功能支持下，CG艺术使得设计师的构想更为自由和真实，尤其体现在对虚拟环境的设想和表现上具有巨大优势。在书籍设计中，计算机绘图常用的软件是Photoshop、CorelDRAW、Illustrator、Painter、3Dmax等。他们所绘制的图形画面精美绚丽，风格多样，给人强烈的科技感和时尚感，深受年轻人的喜爱（图3-28、图3-29）。

图3-28 《老人与海》封面设计

与写实性的绘画图形不同，创意图形是通过可视的视觉形态来表达创造性意念的一种说明性的视觉符号，也是设计师通过想象、联想等创新性思维创造出的“有意味的形式”，具有趣味性、象征性和符号性。封面中创意图形的灵感来自对书籍内容更深层次的思考，这种思考结果与图形创意的语言相结合便产生了使读者觉得新奇、巧妙的视觉语言，并加深了读者对书籍的思考和理解。

（3）抽象图形

1910年，康定斯基创作了第一幅抽象水彩画作品，宣告了抽象艺术的诞生。蒙德里安曾这样说过：“抽象的绘画比有物象的更广阔、更自由、更丰富内容。”抽象图形以“有意味的形式”表现出写实手法难以表达到的视觉效果：简洁、鲜明、具有强烈的时代感。同时，由于它的非直观性和隐喻性更能让读者在联想过程中感受到构思的巧妙并引起共鸣。用抽象的形态来暗示或表达书籍的内容，在似与不似之间给读者以更多的思维空间。对于书籍设计艺术而言，有些内容由于很难用具体形象表现，或是出于构思需要，常常采用联想、象征引起情感共鸣的抽象的艺术语言。

图3-29 封面设计

点、线、面、几何形态、肌理效果等是封面设计中最为有力的抽象语言，都能引起人们微妙的心理反应。一方面，抽象图形通过其直观的表现性、具象征意义的符号性、含混的寓意表达折射出书籍的主题和内涵。正如人们对抽象艺术大师蒙德里安作品的评价那样，绘画的核心并不是抽象，而是某种内在的精神性追求。另一方面，将抽象图形与具象写实图形进行安排与有效组合，通过点、线、面、几何形态在有限空间内的巧妙布局，从而产生节奏感和韵律感，丰富了画面层次（图3-30）。

2. 图形设计在书籍封面中的运用

（1）图形的选取

图形设计有多种构形手法，在设计的过程中针对书籍内容和整体意向，采用恰当的图形设计风格，不仅可以极大丰富版面的层次关系，更能给予读者良好的阅读感受。

封面设计中的主题图形，重在“尽意”，即浓缩主题而“以象生意”。主题图形的运用，是对图形的理性的选择、提炼、编辑加工及研究探索的过程，能直接体现书籍的主题。在封面中的主题图形用插画和摄影作品是最常见的处理方式，具体的写实手法在少儿知识读物、通俗读物和某些文艺、封面设计中也比较常见，因为这种具体的形象更容易让人理解。而科技读物和一些建筑、生活用品之类画册封面运用具象图片，具备了科学性、准确性和感人的说服力。

抽象图形具有强烈的艺术性、针对性和表现力，是设计师借用造型艺术的思维和联想，归纳、演绎、提取一般性中的特殊性“抽象”而获得的“有意味的形式”。抽象图形对提高书籍的艺术品位、欣赏层面、阅读功能、收藏价值，都具有独特意义。有些科技、政治、教育等方面的书籍，有时很难用具体的形象去提炼表现，可以运用抽象的图形语言，使读者能够意会到其中的含义，得到精神感受。

中国的传统纹饰是非常值得现代艺术设计借鉴的设计语言。随着对传统文化的认同和理解，中国当代书籍设计，尤其是高品位书籍，很多都运用了纹饰装饰。巧妙、合理地运用，对烘托书籍的文化气氛，增强书籍的书卷之气，表达内容主题都有极大的帮助（图3-31）。

（2）图形与背景的合理运用

日常生活中经常可以见到各种各样的图形，我们会因为某个设计精彩的图形而发出会心一笑，或者因某个看上去并不顺眼的图形而放弃继续观察或购买的想法。很多人会把这些原因归结为图形本身制作的精彩或不合理，但是，当我们深入其中研究就会发现，这些图形并不单纯的存在，它与其后的背景紧密

图3-30 国外书籍封面设计

图3-31 四大名著书籍封面设计

相连，有着密切的关系。也就是说，在知觉过程中人的眼和脑共同起作用，从而影响我们观察的事物是图形或者是背景。

图形和背景是由于在一个特定的范围内，有些形象比较鲜明突出，从而构成了图形；有些形象对图形起到了烘托作用，构成了背景。比如群星捧月或我们常说的“万绿丛中一点红”。

一般来说，在明度、色相、彩度上，相互对比的关系差异越大的，越容易成为图形，尤其是明度之间的关系；如果静态与动态两者比较，动态较易成为图形；周围中较突出的，容易成为图形；有凹凸感的两者比较时，凸出的易成为图形；在大小的比较中，面积较小的容易成为图形；另外，被包围的容易成为图形。

图形与背景的关系，有时也成为正负形、反转现象。凡是被封闭的曲面都容易被看成“图”，而封闭这个面的另一个面总是被看作“底”。图形和背景的关系实际上就是一个封闭的区域和另一个非封闭的背景之间的关系，而且面积较小的总被看作“图”，面积较大的面总被看作“底”。设计师和艺术家通过对画面上图形的形状、大小和布置关系的调节来达到图形和背景关系的模棱两可，画面表现出图底关系的转换。在我国的民间剪纸中，这种正负形和反转的关系表现得更为明显（图3-32）。

图3-32　国外书籍封面设计

二、书籍封面设计的色彩设计

当我们最初接触到一个事物而产生第一印象时，色彩的吸引力往往高于其造型所产生的印象，色彩可以帮助用户快速建立产品认知，适当的色彩应用能够增强画面感染力，提升产品印象与感觉，使人们产生某种情感共鸣，从而能影响用户对产品的最终感受。色彩情感作为书籍封面设计中最为关键的一门艺术语言，极具强烈的视觉冲击力，其不但可有效美化书籍的版面、促进书籍内容的表现，而且也具有丰富的艺术内涵，从而提高书籍的品位，是书籍装帧艺术中必不可少的重要元素。如何在书籍封面设计中运用好色彩情感这一元素，是一个值得深入研究思考的问题。

1. 色彩情感在书籍封面设计中的作用

色彩本身是没有生命和情感的，当然也无从谈及价值。但人是可以感受色彩带来的情感体验，人类可以通过积累的生活经验、色彩波长带来的视觉刺激，在心理上产生一定的情绪，这种情绪感受是被普通大众所接受和认可的。

（1）色彩情感在书籍封面设计中融进了文化价值

书籍封面艺术的设计与文化趋向表达是紧密相连的，不同地域、民族出版的书籍封面都具有一定的文化特征，色彩在文化表达中具有重要的作用。书籍封面设计中，色彩的恰当运用取决于大众的审美判断，美

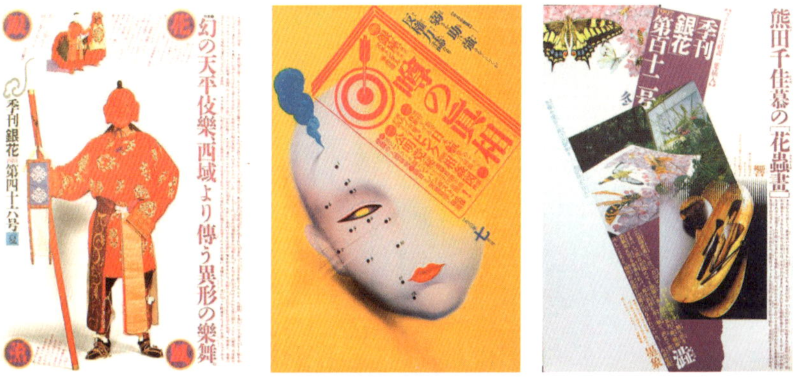

图3-33　杉浦康平书籍封面设计

的色彩的运用有利于激发受众的阅读兴趣，也提高了封面的审美情趣及文化品位，展现了书籍作为民族的符号、时代的符号，更是艺术的符号的特征，而这些符号正构成了书籍的内在文化价值（图3-33）。

（2）色彩情感在书籍封面设计中展现了商业价值

美学价值隶属于艺术这一范畴，而商业价值则从属于经济这一范畴。从本质上看两者似乎没有联系，甚至是对立的。然而，书籍封面设计不但展现了美学原理，而且也体现其经济价值，完美的封面设计将这两者进行了有机结合。在数目繁多的文化商品市场上，在琳琅满目的书籍中，如何使得该书籍得以脱颖而出从而达到销售这一目的，是书籍封面设计的第一要义，也是该文化产品商业价值体现的关键。具有醒目、突出、有特点的色彩搭配的书籍封面可以在诸多书籍中脱颖而出，容易被读者所注意和购买。

在书籍封面中色彩是不可或缺的，是需要大量使用的元素，在目前靠“颜值”产生购买力的时代，书籍封面的色彩搭配以及传递出的情感特点直接影响读者购买欲望。不同类型题材的书籍一般都会选择具有一定类型特征的主体色彩来做封面设计。比如青年文学书籍版式设计简洁疏朗，让阅读流畅而有节奏，往往使用较为清新的色彩搭配，使用浅色暖色系色彩，烘托青春、懵懂的氛围；探秘小说会使用超级符号特色来吸引人眼球，往往使用冷色系的深色蓝、灰、黑和大红、正黄色形成剧烈色彩对比，在同类书籍中利用色彩对视觉的冲击力，吸引读者阅读。

在世界经典名著的封面设计中，商业价值的体现更多的是在收藏价值，这就要求在设计中更注重工艺、色彩设计。由南海出版公司出版的马尔克斯的《百年孤独》和《霍乱时期的爱情》两本书在封面色彩设计时，尝试了很多款式和色彩配比（图3-34、图3-35），考虑读者对于这本书的收藏需求反而是第一位的。两本书分别采用了黑棕和暗红两种主体色调，使用单一色彩作为书籍封面颜色，配以印花线条图案勾勒形态，抵消了黑色带来的压抑感和红色带来的激烈洋溢，显

图3-34　《百年孤独》封面设计

图3-35　《霍乱时期的爱情》封面设计

得端庄而优雅，凸显了书籍本身的品质。

另外，色彩情感的商业价值也与时代的潮流动向有紧密联系。服装行业有流行色这一说，在书籍封面设计中也存在着流行因素。设计者在构思封面的色彩安排时，也应关注时代的流行动向。通过合理的色彩搭配，把握读者的视觉心理，展现书籍的鲜活生命力，从而在书籍封面中展现该书的文化价值及商业价值，最大限度地发挥色彩情感在书籍封面设计中的正面效应。

2. 书籍封面设计中色彩的运用特性

书籍封面形态中，有三大视觉要素，分别是图形、文字及色彩。而色彩对于读者的视觉刺激最为敏感，是关键的视觉信息符号。不同色彩对读者产生各异的审美体验，读者对色彩的审美感知也互不相同。设计者应了解色彩情感在书籍封面设计中的重要特征，才能真正把握色彩美学原理，设计出理想的书籍封面，实现其设计构想。

（1）色彩在书籍封面设计中具有直观性

色彩是美术的一门重要艺术语言，而美术的首要特征即为直观。美术不同于其他艺术表现形式。比如，音乐是最为抽象的一门艺术语言，其传递的思想感情也较为抽象。一般可以描述某段音乐是小桥流水，也可说是淅淅沥沥的小雨，还可以说其犹如暴风疾雨，等等。文学也是如此，其通过语言文字作为媒介，借助读者的联想、想象，从而感知该作品的内容。而美术作品则不同，其采取不同的明度、色相及纯度等特性，具有直接感观性，方便读者一眼读出书籍传递的情感。如《美哉汉字》一书，该书传递的是中华民族的汉字传统及民间文化，其封面设计借用书函形式，再配以棕色及黑色，从而给读者带来一种古典而又富含现代韵味的视觉效果。书籍通过线装装订法，封面设计突出龙的造型，再配以黄色作为主基调，红色和绿色作为辅助色彩，在独特亲和力之间传达了我们作为炎黄子孙及龙的传人这一传统理念（图3-36）。概言之，书籍的内容、封面设计与其色彩设计是紧密相关的。

（2）色彩在书籍封面设计中具有象征性

色彩所采用的不同色相、色调将带给人不同的心理感受，也激发读者进行不同的联想。不同民族、地域以及不同时代，色彩的象征意义也各有不同。在书籍封面设计中，则要妥当运用好白、黑、红、橙、黄、绿、蓝、紫等颜色。白色象征着纯洁，代表着高尚的感情，意味着吉祥与幸福；黑色呈现的是庄重感，代表着威严与稳固；绿色作为生命的象征，意味着成长、生存与和平；蓝色象征着广阔、深远，带给人静谧之感，也抒发着宽广的胸臆；黄色蕴意着光明、希望，代表着荣华富贵，也象征着佛祖的恩典，是一种崇高、神圣的色相；橙色也是食物丰硕果实的颜色，给人甜蜜、丰收之感；红色带给人热烈、喜庆之感；紫色给人以神秘、高雅之感，等等（图3-37）。总之，不同色彩在书籍封面的运用中具有不同象征含义。深入了解、把握色彩的不同蕴意，才能在书籍封面设计中更好发挥色彩的表现功能，也促进读者不同联想的衍生。

（3）封面用色应与书籍内容相符

诚如设计家冯德力希先生所言，书籍的外观应当

图3-36 《美哉汉字》封面设计

图3-37 书籍封面设计

按照不同书籍的不同内容而与之相匹配，书籍的外观形象并非标准，书籍内容才是设计者应首先考虑的重点。书籍封面所选用的色彩应当根据书籍的主要内容来确定。得体的色彩处理及艺术表达，能获得夺目效果。比如，2008 年浙江人民出版社出版的《激荡三十年》(图3-38)，该书的封面设计采用了大面积的红色，红色是三原色之一，红色的纯度高、注目性高、刺激作用大，是视觉效果最强烈的色彩。同时红色也是中华民族最喜爱的颜色，中国人近代以来的历史就是一部红色的历史，承载了国人太多红色的记忆，大面积的红色刺激将读者的思绪引导到中国企业激荡起伏之30年风雨历程。书籍封面再配以狂傲不羁的白色书名字体，醒目、突出、观感性强。

书籍的封面设计以及其装帧，都应立足于书籍的内容、书籍所涉对象，从而选定恰当的色彩来匹配。市面上有个别书籍，其封面颜色设计过于鲜艳，采取红绿搭配、黄紫搭配的表达方式，给予读者刺眼之感，也容易贬低该书的文化认同感。针对此种情况，笔者建议采取面积调和法，即通过调整色彩占据的面积，将强烈的色彩对比化解为较为分散的小板块，从而达到色彩和谐。又或者通过扩大两种色彩其中一个的面积从而在不和谐颜色中建立主次关系取得平衡。此外，还可采取降低色彩的纯度以及增加黑、灰、白的方法来调和色彩。

（4）立足于读者群的色彩定位

不同的读者群对应着不同的匹配色彩。个别设计者特意为展示自身才华而不顾书籍的特点及内容，过分追求自我展现，随意配置主观中意的颜色，导致书籍封面的用色不协调，影响了书籍的市场销售量。

不同年龄阶层、不同文化层次背景的读者色彩偏好不同，如鲜艳的色彩、高纯度的色彩更容易受儿童喜爱，故而少儿类书籍封面大多倾向于借用黄、绿、红等色调，级别区分度大、色相明确的亮色色彩。比如几米的《小完美》(图3-39)恰到好处地借用各种纯真明快的色彩来设计书籍的封面，给人明朗和谐、舒心的感觉，容易获得儿童的青睐。与之相反，成年人书籍其对应的成年读者群体，在书籍封面设计中则应采取相对含蓄、低调、暗沉等饱和度较低的颜色。学术理论类书籍封面色彩更是如此。书籍封面在其不断再版过程中，也会跟随着时代发展、读者群体的不断转变来重新设计定义书籍封面。比如前文所提到的《激荡三十年》，在2015 年修订再版改为《跌荡一百年》时(图3-40)，封面使用目前流行的全白色装帧，配以小号黑色标准字体，更加冷静而平和。同一本书在不同时段所选择的封面设计都是经过出版社重新寻求书籍内涵、定位读者群的成果。

（5）合理搭配图案与色彩

图案的选择和色彩的搭配更是关系到书籍封面美观和内涵的体现。例如，在民族类书籍上，由于各个民族的装饰图案具有鲜明特色，因此，该类书籍的封面设计应充分发挥色彩和图案的视觉效应。比如，藏族的装饰图案受外来文化的熏陶较多，故而出现如藏八宝纹、佛塔纹、曼陀罗纹等图案纹样，所采用的颜色主要是带有不同象征意义的红色、黄色、蓝色、绿

图3-38 《激荡三十年》封面设计

图3-39 几米作品《小完美》

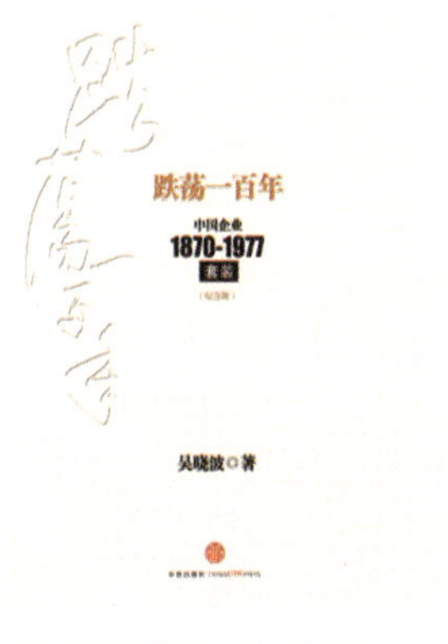

图3-40 吴晓波《跌荡一百年》

图3-41 《天堂在左 西藏在右》封面设计

色及白色（图3-41）。书籍设计的一个重要使命，即在于书籍作为一种艺术表现形式，不可随心所欲，而是一种“带着镣铐跳舞”的艺术，要立足于形式美的构成法则，采取理性的色彩构成，从而创造出独特而又有魅力的形态，以激发读者的阅读和购买欲望。对于封面色彩的选择、搭配，应根据书籍的内容、主题，合理搭配图案，才能达到设计构想预期目标。

色彩的恰当选择、搭配，不仅美化书籍版面，有利于书籍内容表达，也提升了书籍的艺术内涵和文化品位，具有文化价值和商业价值。因此，应在书籍封面设计中充分发挥色彩直观性、象征性和装饰性等特点，才能最大限度地通过色彩情感展示书籍内容，吸引读者注意。此外，还要立足于读者群的色彩定位，注意书籍封面色彩的用色与书籍内容保持一致，合理搭配图案与色彩，才能创造出既展现民族特色及传统文化特质，又体现鲜明时代感的书籍作品。

三、书籍封面设计的文字设计

书籍是文字的载体，字体的设计在书籍的封面中是必不可少的元素，不仅向人们传达书籍所要表达的内容，还能给人以艺术的享受。当今，人们越来越重视书籍封面中的字体的形式美感。

1. 文字设计在书籍封面中的运用

（1）文字的个性美

每一种文字都是有其性格特征的，通过各自的形式引起读者情感的不同反应。黑体的强壮有力，宋体的端庄典雅，仿宋的秀丽挺拔，楷体的清新愉悦，幼圆体的圆润饱满，行书的奔放自由等，各有神采。书籍封面设计中对字体的选择、设计，都是在对书的内容理解把握基础之上，选择各自“恰如其分”的表达形式。对于书籍封面的书名、作者名、出版社名等文字信息，选择何种字体要多做比较与尝试，通过字体的个性特征来传达书籍的内涵和情调（图3-42、图3-43）。

图3-42 《食 世界史》

在这些文字信息中，书名字可以说是最重要的文字对象，甚至往往成为书籍封面主要的视觉图形。但是，常见印刷字体的广泛运用使得自身缺乏新鲜感，平庸而乏味，因而真正的设计师是不满足于计算机字库中现有的字体的，而是通过置换、打散、增减、共用、借用及计算机特效等多种表现形式对字体进行再设计，张扬个人的审美趣味并传达给读者，赋予书籍鲜活的生命力，以引起读者的强烈共鸣。

图3-43 《山路弯弯》

（2）文字的编排美

封面中出现的文字，包括书名、丛书名、作者名、出版社名、内容说明等，要求设计师对书籍文字进行整体编排设计，同时运用艺术处理手法对其进行创造性的整体布局，使文字与其他视觉元素之间的编排设计形成主次分明、变化而和谐统一的画面。这样读者的视线就可以沿着一条自然合理、顺畅的流程节奏进行浏览，达到一种赏心悦目的阅读过程。相当多的优秀书籍设计，其封面完全是以文字群的编排为读者带来视觉愉悦的。

书名是封面设计中的核心要素，其他的文字和文字群的设计要服从书名文字的设定，并利用字体字号的大小、字距、行距、字的排列方向的变化等，从而形成视觉等级，传达整体信息的节奏与层次。文字群的排列结构可以根据点、线、面的构成方法来进行设计，一个字在视觉上是一个点，一行字在视觉上是一条线，一片字在视觉上是一个面。设计师利用这种心理反应，在封面设计中将文字作为点元素，对副标题、出版社名、作者名等文字进行字体、字号的选择和字距、行距的调整及排列，形成了强弱、虚实不同的线或面，充分地体现书籍本身的主题性格。但无论运用什么样的设计方法和排列结构，都应在不破坏封面整体美感的基础上，尽可能地突出书名，准确传达出书籍内涵的阅读功能和审美认知功能（图3-44、图3-45）。

（3）文字的工艺美

为了获得更好的视觉效果和更好地表达设计师的构思，从压凹、压凸、镂空到UV上光，设计师们总是试图通过不断发展的印刷工艺来创造出新的书籍形态。同样，对文字（主要指书名文字）采取或凹或凸或局部上光的印刷工艺处理，不仅使读者在视觉、触觉上感受设计师想传达的情绪，其独特的形式感也使人耳目一新。尤其是精装书籍由于封面材质常常采用特殊的纸张、皮革、织物等，书名字多用烫金、烫银的特种工艺处理，简洁之中不乏华丽（图3-46、图3-47）。

此外，抛开文字本身的特质，文字在图形、色彩两大视觉元素的激发配合下，其基本的传达功能未受影响，视觉形象更为生动。将与文字含义相近、情感相邻、意念相似的图形符号同文字巧妙地融合，能给文字注入更深的内涵和情趣，增强读者的阅读兴趣，是形式与内容的完美结合。而色彩与文字总是如影随形的，利用色彩的情感和知觉度使书籍

图3-44 《消失的相对论》

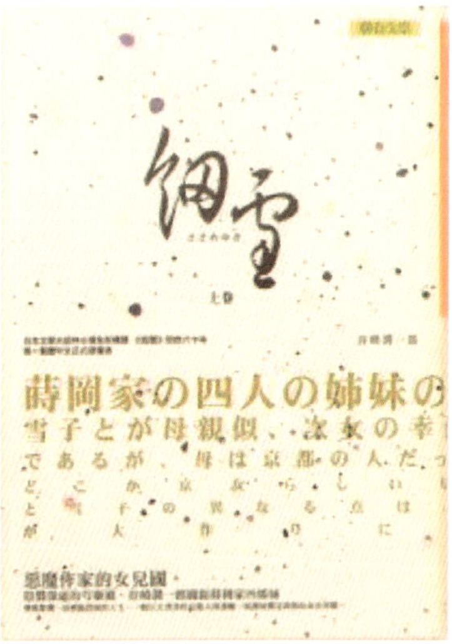

图3-45 《细雪》

图3-46 《心是孤独的猎手》

图3-47 《中国现代陶瓷艺术》

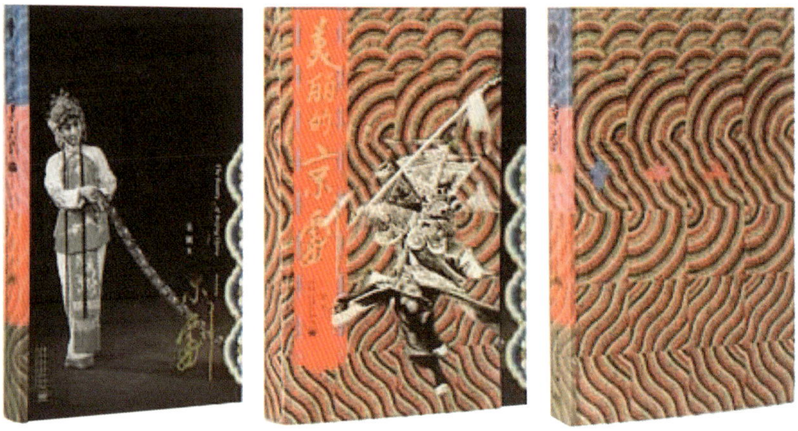

图3-48《美丽的京剧》

（a）剪纸字创新设计

（b）瓦当字“微笑面对”创新设计

图3-49　字体创新设计

封面上的文字活跃起来，并于二维的空间之中呈现丰富的画面层次感。

2. 未来封面设计中的字体设计新形式

随着人类文明的发展，人们精神需求的提高和审美观的改变，基本的字体设计已经不能满足人们的需求，所以要加强文字设计的创意性。用敏锐的眼光来观察生活，将看似没有联系的设计元素结合起来，用以传达信息，创造出具有时代意义的流行文字和符号，创造出新的时尚和新的风格。封面中的字体设计的设计方向主要包括以下三个方面：

一是从书法艺术中汲取营养。书法艺术作为印刷字体的前身，与字体设计有着不可分割的联系。将书法的活力注入字体设计可产生强烈的艺术感染力和视觉冲击力。书法的独特性、偶然性、自发性也是非常重要的特色。书法的实用功能、表情功能和审美功能综合体现了书法艺术的情感和书籍信息的传达功能（图3-48）。它的表现性和审美性强化了文字单纯的识别性，把无生命的文字赋予生命，塑造成有艺术美感的形象。

二是从民间字体设计中汲取营养。在文人士大夫创作了大量杰出书法作品的同时，民间艺人也以他们的聪明才智设计出无数巧妙的字体图形。如饰有虫形、鸟形的鸟虫书；笔画头粗尾细的蝌蚪文；随势屈曲的瓦当字；字画结合的板书；淳朴吉祥的剪纸字；藏字于画的竹叶诗……每一种形式都是奇巧的设计，值得我们学习、借鉴（图3-49）。

三是电脑辅助设计。电脑的运用极大地拓展了设计的表现空间，增加了创作表现的可能性。可以说，没有它做不出的，只有我们想不到的。我们既可以利用电脑的帮助更有效地完成图文结合、立体投影、肌理材料等任务，又可利用电脑特有的程序进行字体的处理，使字体带有某种“感觉倾向”，如神秘感、电子感、未来感等。面对着这个“万能”的机器助手，关键是如何来控制它为我们的设计服务，而不是让它令人目眩的特技效果抑制了我们的创造力（图3-50）。

图3-50　国外书籍字体设计

四、书籍封面设计的材料应用

材料和印刷工艺发展日新月异，特种纸、皮革、金属、塑料、木质、竹质、布料等各种材料也被频频应用在书籍封面设计中。在印刷工艺上，还出现了覆膜、烫印、压凹凸、镂空、UV上光等新工艺。材料是形态得以实现的基本保证，它能够淋漓尽致地展现出设计者的“闪光之点”。将嗅觉、触觉等视觉以外的感官体验元素融入设计中，从而达到引导读者与书籍的趣味互动，也成为书籍设计创新的方向。在书籍封面设计中，设计师们不仅把材料和工艺看作是设计的物质保证，而且也是一种积极的交流感情的媒介，是设计师表现自我的镜子，赋予材料以人文含义和组合特征，使书籍形态成为一个和谐的富有表现力的精神世界。

1. 材料的审美性

材料的特性导致材料具有不同的心理感受，这种感受是由材料的质地、色彩、肌理等因素给人造成的综合感受，会直接影响人们对整体造型的最终感受。如木材的自然、亲和；金属的沉稳和冷漠质感，金、银、铂的色泽给人富贵感；织物给人的柔和感和温暖感，薄或透明的织物还具有一种通透感等。利用材料自身的视、触觉的特性及给读者带来的审美感情来选择书籍封面的材质。《淡忘中的新加坡传统华族木偶戏》（图3-51）的书籍封面设计主要采用带有刺绣的旧布料，在第一层旧布料中用黑色细线缝制了15条长短不一的线段，采用了亚麻色的细线进行双线锁订，封面中材料的使用给观众一种时间沉淀的韵味。小马、橙子设计的《刘小东在和田&新疆新观察》（图3-52）书籍封面采用柔软的黑色仿真皮，周边打毛，有着强烈的感触，体现出随意放在包中的笔记本不断使用的时间概念，该书获得2013年“世界最美的书”称号。

2. 材料的象征性

材料的象征性是书籍内容的物化象征，即通过书籍的材质以直白或隐喻的视觉语言传达书籍的内涵和主题。《无处不在的红白蓝》（图3-53）

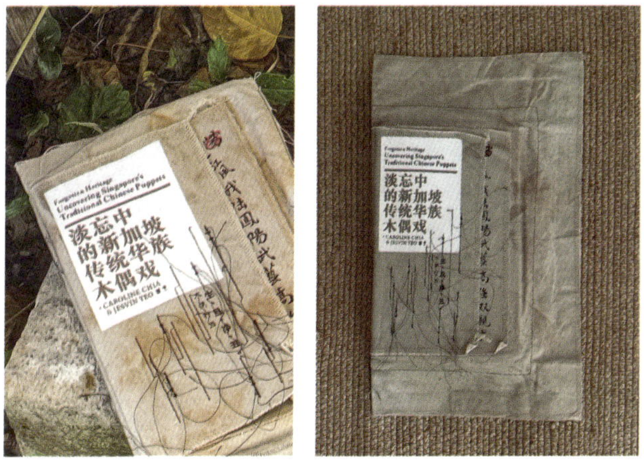

图3-51 《淡忘中的新加坡传统华族木偶戏》

图3-52 《刘小东在和田&新疆新观察》

图3-53 《无处不在的红白蓝》

不仅采用红白蓝尼龙袋包装，且书籍的封面也是以线订的红白蓝尼龙袋作为其材质，是非常醒目的书籍形态。红白蓝尼龙袋在中国的很多城市随处可见，在一定程度上代表了中国城市的某种文化现象和现实。因此这一材质以隐喻的视觉语言表达了作者对城市生活的感觉和体验。

现代书籍设计强调让阅读更舒服，省去不必要的材料，降低了成本，也避免了浪费，符合如今低碳社会的要求。同时，注重外观形式的书也不能忽视，因为不少读者是为了装饰或收藏而买书。阅读性强和形式感强的设计都有需求人群。设计者不能孤立地去追求提高书籍的阅读性，也不能一味追求华而不实，应该把设计的创意和提高阅读性完美结合起来，让书籍能更好地兼顾实用性和艺术性。

– 补充要点 –

书籍封面首先展现给人的是形式的美感，如同其他艺术设计的形式一样，其设计也要遵从形式美的设计规律，充分运用形态要素如点、线、面、体、空间、肌理等，还要运用构成要素诸如形式、节奏、韵律、对比、调和、变化、统一等形式美法则，展示书籍封面各视觉元素有机关系，或简洁凝练，或丰富繁杂，根据书籍性能要求，达到完美的视觉效果。

课后练习

1. 设计一本以文字或抽象图形为主的科技书籍。要求：书名自定，16开本，以文字或抽象图形为主，配合色彩、形式、构图共同完成。
2. 设计一本以图形为主的画册或摄影画册。要求：书名自定，12~32开本均可，要把设计延伸到书脊、后封和两个勒口上去，但是又不影响各个部分的独立和完整，以图形、文字为主，配合色彩、形式，使之产生一种气魄宏大的画面效果。
3. 设计一本小说。要求：书名自定，32开本，用象征的表现方法设计小说的封面、护封，恰当运用联想或夸张的手法表达主题，注意创造气氛和意境，构思要有深度，给人留下深刻印象。
4. 平装书与精装书的区别主要在哪些方面？
5. 重点掌握书籍封面、护封的图形、文字、色彩及设计形式的传达表现。

第四章
系列书籍的设计

PPT 课件，请在计算机上阅读

学习难度：★★★☆☆
重点概念：丛书、系列书籍的设计方法

章节导读

书籍作为人类文明的延续和载体，是人们系统了解和熟悉一个或者多个领域非常好的方式，诸如科学、历史、人文、小说、心理学、社会学、文学等。系列书以及丛书不仅在内容上满足了广大读者的需求，更从精美的设计形式上变化多样。设计师在设计上将不同的理念、思路以及形式美等贯穿其中。同时，设计师应掌握系列书、丛书设计的几大特点，在面对不同性质、不同内容的图书进行设计时以达到理想的效果。

第一节　系列书籍设计的主要特点

系列书在功能形式上的分类主要包括期刊、丛书以及类书，在设计上应着重注意其整体连贯性与统一性。系列书的设计在设计理念上应避免像独本那样的独立设计，而是要统筹整体设计方案，注意运用相同的版式、图案设计元素和字体样式。对于精装系列书的设计则更加考究、精致，在其材料的选用上可以有较大的选择空间，特别是书套制作的特殊材料和工艺尤为丰富，如木材、金属、皮革、纺织品、塑料、特种纸等。不同材料和制作方式给书籍带来不同的设计质感，给读者带来更完美的阅读体验，同时使书籍更加精美夺目、与众不同，增加其市场和收藏价值。

系列书籍在设计形式上既要注意版式上的变化之美，也要结合色彩色调的变化与统一，创造性格鲜明，融合多样设计形式。根据此设计理念，系列书籍在进行设计时，应注意以下两点。

一、色调相同，构图及图形不同原则

在系列书的设计过程中，设计师以一个统一的色调设计为思路，通过区分书籍不同内容的个别代表性图形元素、数字、卷本和版式结构来进行构思设计和多方面考虑，可以将整套系列书完美地展现给读者。

《悲剧意识》与《超越意识》两本书是一系列书籍，在设计形式上采用了黄、黑、白的三大色块，在

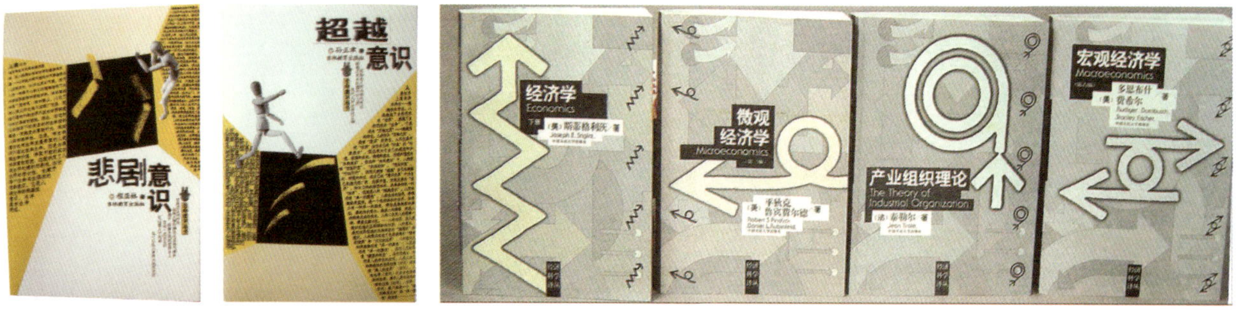

图4-1 色调相同，构图和图形不同的系列书籍

- 补充要点 -

系列书籍的概念

系列书籍是由很多书汇编成集的一套书，是在一个总名之下，按一定的内容划分，将各种著作汇编于一体的一种集群式图书。

封面的构图形式上做出了一定的变化。同时将书籍的内容进行元素化概括，用巧妙、有趣的表现形式区分了两本书籍的不同，体现出设计师使用统一色调来进行系列书籍设计的思路（图4-1）。

二、构图相同，色调、图形不同原则

系列书设计的另一个主要方法是采取构图相同，色调、图形不同的原则。书籍的用色活泼多变，各种色彩的选择运用应该符合书籍本身的性格特点。颜色的搭配应注意色彩的协调性与美感，同时设计师牢固掌握色彩配色的规律也会对营造系列书籍的整体感与形式感起到很大的帮助。

《百年大潮汐》系列书在设计上采用构图相同、变换局部图形元素、色彩不同的设计原则。封面倒三角的采用代表了思想解放运动在每一个时代对社会变革的深刻与锐利。色彩的变化则代表了每一历史重要节点时期思想解放的内涵及特点，收录了众多思想家、评论家、政治家有关20世纪中国思想解放运动的文章（图4-2）。

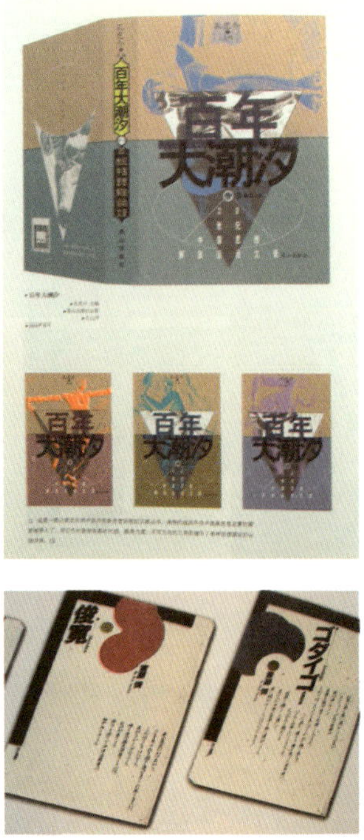

图4-2 构图相同，色调、图形不同的系列书籍

第二节 系列书籍的主要设计方法

系列书籍在功能性质上大致分为四类：杂志类、丛书类、精装类和低幼类书籍。下面将分别讲述。

一、杂志类书籍的设计方法

杂志类出版物在当今社会有着广泛的阅读人群和超大的发行量。由于其定期与连续的特性，在设计形式上要本着整体统一的原则，从杂志

的宏观上把握全局。注意每期不同的内容主题与总设计原则的相互关系，强调关联性、延续性与差异性。杂志类书籍的关联性与延续性主要表现在品牌的延续和版面之间呼应两大方面。

1. 品牌的延续

杂志类出版物与其他市面上流通的物品一样，同样具有商品属性。商品就需要具有自己的品牌特性以方便传达自身的标识特点、精神象征和价值理念。杂志类出版物同样应该树立自身的品牌形象和特点，在每一期的设计上不断体现和延续自身的品牌概念，重复给读者加深和强化其品牌意识（图4–3）。

2. 书脊的连续性

当图书摆放在书架上或者报刊亭内时，书脊的设计给人对图书的第一印象。一般来看，杂志类出版物通过各个版面之间设计的相互关联，尤其是书脊的连贯性设计可以强化其整体感、连续感和系列感，从而给读者带来新的感观，加深印象（图4–4）。

二、丛书、类书等书籍的设计方法

丛书与类书等图书在设计创作上，设计师应本着一体化、系列化和系统化这三大理念来进行设计构思。

图4–3　品牌在杂志类书籍中的延续

图4-4 书脊的延续

图4-5 丛书的设计

1. 丛书

丛书，又叫丛刊、丛刻、套书等，是把各种单独的著作汇集到一起，并给它们以总名的一套书籍。丛书的形式一般分为综合性和专门性两种。我国最早的丛书是南宋的《儒学警语》，而最为著名的丛书是《四库全书》。因为在内容上的一体化，丛书在书籍设计上要讲究统一性。除了设计上的美感，丛书的外观设计上还应该考虑内容的可辨识性，这样方便读者查阅。如图中《走向世界丛书》的设计，每本书脊上都表明各自图书的自身标题和作者，读者可以方便地找到自己感兴趣的图书进行阅读（图4-5）。

2. 类书

类书这类工具书是收录了一个或者多个门类的资料，然后将其按照门类和字韵进行编排以便读者检索和征引。按门类分有兼收各类和专收一类两种，按字分有齐句尾之字和齐句首之字两种。现存著名的古代类书有《艺文类聚》《太平御览》《古今图书集成》和《永乐大典》（图4-6）。

三、精装类书籍的设计方法

图4-6 类书的设计

1. 封面与内文页的延续

从书籍的艺术性上来讲，封面与内文页在版式和字体艺术方面的变化与统一也对精装类书籍的整体感起着非常重要的作用。设计作为一种艺术性创作，在遵循统一性原则的前提下，要求设计师对多方面元素进行考虑和斟酌，给读者带来多角度的阅读体验。因此，设计师对于精装类书籍其封面与内文页的变化与统一设计可以通过版式、风格、色调以及辅助文字的变化进行考虑。

2. 色调、风格的延续

书籍设计的色调与整体风格的呼应与延续可以引起读者的注意力与阅读兴趣。在一套精装书的设计中，元素与色调的重复出现可以增强书籍的系列感与连贯感。色调的呼应，在精装书的设计中起到了潜移默化的作用（图4-7）。

图4-7　系列精装书

四、低幼类书籍的设计方法

随着生活水平的提高和社会竞争的不断增大，当今社会许多年轻的父母对儿童的智力开发十分重视，因此低幼类儿童读物的书籍有非常巨大的市场，家长不惜重金购买各种图书，希望能给孩子最好的指导和教育。幼教类图书一般具有寓教于乐为一身的特点，根据不同的功能类型，可以分为以下几类。

1. 儿童启蒙类

儿童启蒙类读物的读者群，一般针对低龄幼儿。此年龄阶段的儿童对事物具有极大的好奇心和探索新事物的要求，但往往还不具备阅读识字的能力。因此，这类书籍多以图片为主，配以简单的文字。低幼类儿童的视觉发育还不完善，色彩、形状对于幼儿的视觉感官刺激应该是此类图书所涉及的主要方面。设计师对于封面与内文页的选择应多注意采用鲜艳颜色为主，在开本的选择上可以选择异型本，以此刺激幼儿感官、激发其阅读兴趣。此外，低幼类读物可以较多的采用耐磨且不易撕开的硬板纸或者纺织类材质（图4-8）。

2. 儿童文学类

年龄稍大一点的儿童，智力和心理需求都发生了巨大的变化，认识世界的思维活动和变化也逐渐增多，不同情绪的表达也较低龄时期有所增加。因此，认知类书籍是此阶段儿童最喜爱的读物。儿童文学的特点与启蒙类读物不同，多以文字加以拼音标注为主，大量的色彩及图片为辅。装订方式及开本的选择多采用平装书中型本的胶装方式。此类书籍的内容针对此年龄层次的儿童需求，多以文学故事、神话、诗歌、科幻故事、童话故事为主，旨在开发和丰富儿童想象力与创造力、培养良好的德育情操（图4-9）。

3. 儿童教学类

儿童教学类书籍与文学类书籍所针对的儿童年龄层次基本相同，在内容方面较文学类书籍来说更加严谨、具有教材性。此类图书在基于教学需求的特点上，版式结构多采用文字讲解与配图的方式，图文并茂地进行说明，简单易懂（图4-10）。

4. 卡通类

卡通类书籍的内容主要以儿童兴趣为主，以插画及连环画的形式展现。内容主要以孩子喜爱的故事为题材，书籍内容及版面设计精彩活泼，图像为主、文字为辅，生动有趣，版面灵活多变。

图4-8 儿童启蒙类图书的设计

图4-9 儿童文学类图书的设计

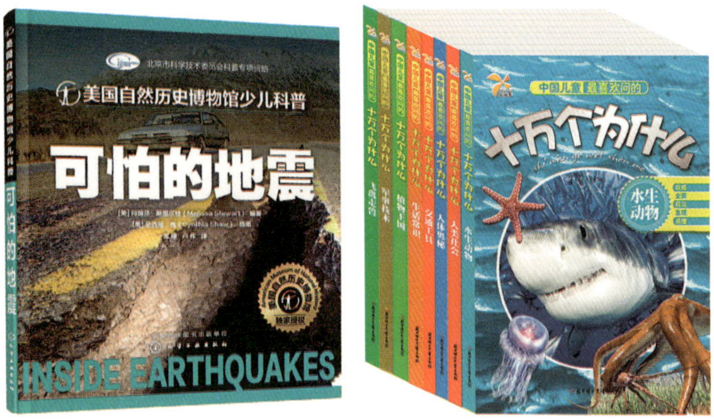

图4-10 儿童教学类图书的设计

- 补充要点 -

系列书籍的设计构思

系列书籍的出版发行具有整体性、联系性的特点，因此系列书籍的装帧设计需要对每本书的主题信息进行分析归纳，进而形成全套书的总体设计思路。系列书籍一般都是采用统一的造型元素延续整套丛书的设计风格，或以单本书籍的优秀设计来引领和规范某一系列图书，同时通过另一部分的造型元素寻求个性变化，在统一中求变化，从而形成集群效应，给读者留下深刻的印象。

课后练习

1. 设计一套系列书。要求：书目自选、书名自定，选一套你喜欢的书籍，充分考虑书籍的内容、主题、形式，从读者的角度出发，以色调相同，构图、图形有所不同设计方法设计系列书籍一套（四册）。
2. 设计一套艺术期刊。要求：书目自选、书名自定，选一套你喜欢的艺术期刊，以构图相同，色调、图形有所不同设计方法设计一套艺术期刊（六册）。

第五章
书籍的版式设计

PPT课件，请在计算机上阅读

学习难度：★★★☆☆
重点概念：版式设计、格式塔心理学、视觉流程

章节导读

书籍版式设计是视觉传达设计的一种重要形式。书籍文稿通过版式设计，将文字、图形根据特定内容的需要恰当地组织在版面上，同时它又不仅仅是一种单纯的编排手法，而是通过设计的视觉化和形象化影响着读者的感受。读者凭着第一印象，决定要不要进一步接收这一设计提供的视觉信息。

第一节　版式设计的叙述方式和视觉原理

一、版式设计的概念、目的和设计原则

1. 版式设计的概念

版式设计是现代艺术设计的重要组成部分，是视觉传达的重要手段。“版式”可以理解为“版面的格式”，版式设计也称为版面编排。所谓版面编排，是根据主题表达的需求，按照一定的审美规律，把特定的视觉信息要素（标题、文稿、图形、标识、插图、色彩等）在版面中进行有机的排列组合。编排是制作和建立有序版面的理想方式，它将理性思维个性化地表现出来，是一种具有个人风格和艺术特色的视觉传送方式。传达信息的同时，也产生感官上的美感。版式设计不仅是一种技能，更是技术与艺术的高度统一。

版式设计的范围，涉及报纸、刊物、书籍（画册）、产品样本、挂历、招贴画、唱片封套和网页页面等平面设计各个领域（图5-1）。

2. 版式设计的目的

版式设计的目的就是将平面的主要元素（文字、图像、图形及色彩），在限定的平面空间内选择符合内容的形式进行组合，以传达准确的信息。通过合理的空间视觉元素最大限度地发挥表现力，从而增强版式的主题表达，并以版式特有的艺术感染力来吸引读者的目光（图5-2）。

3. 版式设计的设计原则

（1）思想性

版式设计本身并不是目的，设计是一种更好地传播信息的手段。一个成功的版式设计，首先必须明确编排的目的，并深入了解、观察、研究与设计有关的

图5-1　国外优秀版式设计

图5-2 《在日本》书籍版式设计

方方面面，简要的咨询是良好设计的开端。版式设计离不开内容，要体现内容的主题思想，以增强读者的注意力与理解力。只有做到主题鲜明突出，一目了然，才能达到版式构成的最终目标（图5-3）。

（2）直接性

版式设计要求将传播内容概括成简练的图形元素，通过对图形元素进行合理化的艺术处理，高度浓缩传达的内容，提升其在版面中的视觉地位，高效地传播所承载的信息。这种信息传播的直接性不是对图形元素的简单编排，而是要求设计师充分考虑设计作品的适应范围和信息传达的目的等客观因素（图5-4）。

（3）指示性

版式设计往往是和一定的商品及装饰对象联系在一起的，在设计过程中常常带有特定的指示性，即广告作用（图5-5）。从现代社会的信息传播情况来看，人们接受外界信息的模式发生了巨大变化，版式设计作为具体的视觉传播方式，承载着诸多的指示功能，以强化信息接收者的记忆。

（4）艺术性

版式设计的艺术性体现在随着现代生活水平的提高，人们对高质量精神生活的要求也越来越高，版式设计不仅要实现其功能性，同时需要塑造优美的视觉形象，实现二者的统一。构思立意是设计的第一步，也是设计作品中所进行的思维活动。主题明确后，版式构图布局和表现形式等则成为版式设计艺术的核心，应该根据美学原则和造型规律，通过清晰明快的现代设计手法，打散、重构图形元素，塑造自由、活泼、形式优美的艺术语言（图5-6），从而达到意新、形美、变化而又统一，并具有审美情趣。

（5）装饰性

版式的装饰因素是由文字、图形、色彩等通过点、线、面的组合与排列构

图5-3　国外优秀版式设计

图5-4　《LYNCH》杂志版式设计

成的，并采用夸张、比喻、象征的手法来体现视觉效果，既美化了版面，又提高了传达信息的功能。装饰是运用审美特征构造出来的。不同类型的版面的信息，具有不同方式的装饰形式，它不仅起着排除其他、突出版面信息的作用，而且又能使读者从中获得美的享受（图5-7）。

（6）趣味性

版式设计中的趣味性，主要是指形式的情趣。这是一种活泼性的版式视觉语言。如果版式本无多少精彩的内容，就要靠制造趣味取胜，这也是在构思中调动了艺术手段所起的作用。版面充满趣味性，使传达信息如虎添翼，起到了画龙点睛的传神功力，从而更吸引人，打动人。趣味性可采用寓意、幽默和抒情等表现手法来获得（图5-8）。

（7）独创性

独创性原则实质上是突出个性化特征的原则。鲜明的个性，是版式设计的创意灵魂（图5-9）。试想，一个版面多是单一化与概念化的大同小异，人云亦云，可想而知它的记忆度有多少，更谈不上出奇制胜。因此，要敢于思考，敢于别出心裁，敢于独树一帜，在版式设计中多一点个性而少一些共性，多一

图5-5　杂志版式设计

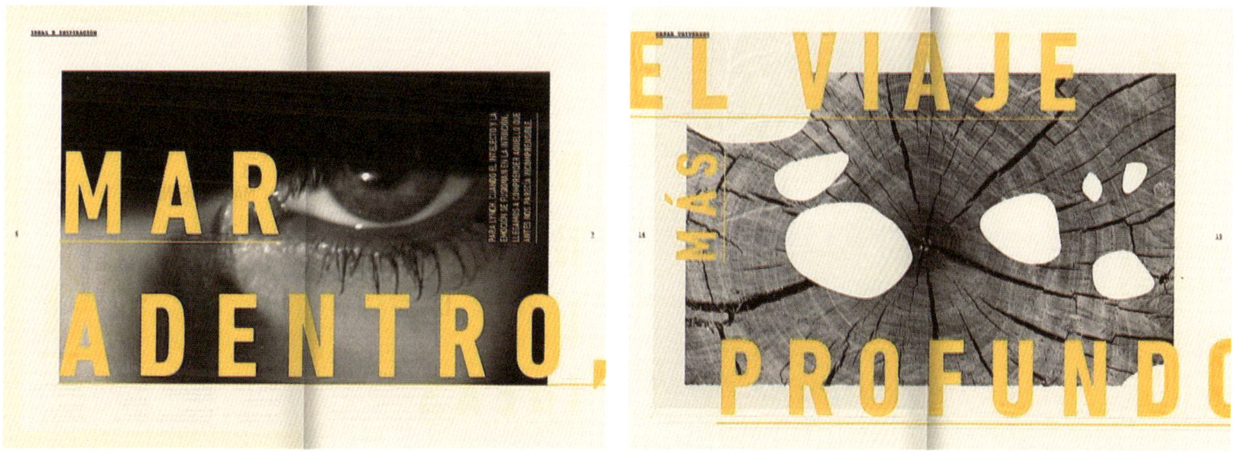

图5-6　LYNCH杂志版式设计

图5-7 《LYNCH》杂志版式设计

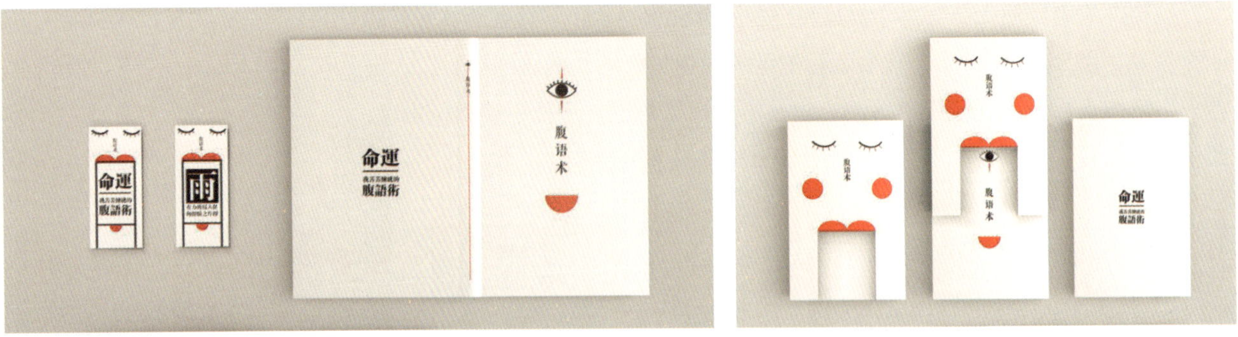

图5-8 李碧天《腹语术》书籍版式设计

图5-9 孙子琪《默》书籍版式设计

点独创性而少一点一般性，才能赢得消费者的青睐。

（8）规律性

任何设计艺术都必须符合规律，版式设计也不例外，形式美规律要求版式设计在布局方面追求图形编排的完善、合理，有效地利用空间，规律地组织图形，产生秩序美，这种布局要求图形元素之同相互依存、相互制约，融为一体，达到版面编排的目的（图5-10）。

图5-10　郑旭芮《摄影的艺术》书籍版式设计

二、格式塔心理学

1. 格式塔心理学派

格式塔心理学派（完形心理学）是西方现代心理学的主要流派之一，20世纪初在德国社会历史条件的影响以及康德哲学思想的孕育下诞生，其主要代表人物有韦特海默、考夫卡和苛勒。格式塔心理学起源于视知觉方面的研究，但不仅局限于视知觉，其应用的范围囊括各方各面，如思维、情绪、回忆、学习等。在心理学整个领域都无处不充斥着格式塔心理这个术语。

格式塔心理具有以下两个基本特征：首先，格式塔是一个通体相关的有组织的整体，它不是部分之和，是完全独立的新整体，其特性和性质都无法从部分构成中找到。其次是“变调性”，即格式塔在其构成元素改变的条件下，也仍能保持存在或不变。从格式塔这两个基本特征中可以看出，格式塔的生理基础是客观环境的形态作用于人的视感官，通过内在分析器在头脑中形成的视觉效应。

2. 格式塔心理的原理

直接经验和行为是格式塔心理的两大研究对象。直接经验是指主体感受或认识现象中所把握到的经验。行为是指个体在自身行为环境中的活动。格式塔心理学强调整体性，即经验和行为的整体性，认为整体是全新的有意义的整体，并不等同于部分的总和，人们感知的东西远远大于单纯看到的或听到的。任何一种经验现象都是一个整体，整体先于部分存在并制约着部分的性质和意义。

例如人们正在观看一列火车疾驰穿越山洞，我们视觉看到的只是火车的头部已从山洞中出来，尾部尚未驶入山洞，但这时我们不会因为看到火车被山洞遮挡住的部分而说火车被分为了两截，是断开的两部分，仍会视运行的列车为一个整体。换句话说，视觉对象的某些部分尽管未能直接或全部诉诸人的感官，但凭借知识和经验的重组，人们仍能对此有一个完整的解读。这就是格式

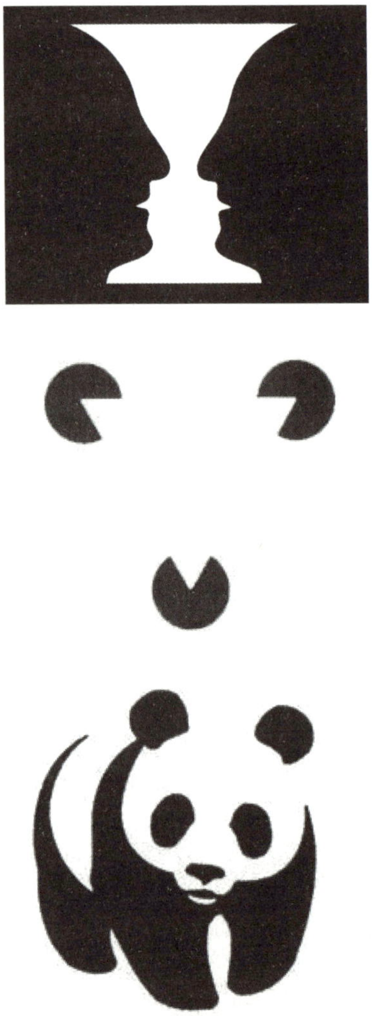
图5-11　格式塔学派的“完形原则”

塔心理学最著名的“隧道效应”原理，也是格式塔学派所主张的“完形原则”的重要依据之一（图5-11）。

3. 格式塔心理在版式设计中的具体应用

格式塔心理学又称完形心理学，在艺术设计的应用十分广泛。格式塔心理学所强调的“形”的“整体”性在书籍版式设计中就有很好的体现。书籍版式也可以说是“图”与“底”的空间占有，构成书籍设计的每个部分都可以独立为一个整体，又为书籍设计的整体服务。从书籍封面到内文版式设计，从功能到审美，我们都应从整体性的思维出发，从思想上把握设计对象，使其内容与形式达到完美的统一。

关于版式设计中格式塔心理的具体应用有下列几种方式：

（1）删繁就简

格式塔心理强调“简约合宜”的视觉表达方式。删除不重要的部分，只保留必要的部分，从而使视觉上达到极致简化的效果。照此原则，如果书籍版式设计要呈现出一个完整的综合整体结构，那么书籍版式设计的视觉表现应该简洁有力。简化了的书籍版式设计能给读者开阔的视觉空间和想象空间，也能提高书籍的档次。将“简约合宜”表现在书籍版式设计中有三种方法：一是运用统一性的原则，将同一个主题元素放在不同的书籍版式设计中，使之贯穿于整体之中，在视觉上对书籍版式进行整体性统一（图5-12）。二是利用网格设计，网格的分割方式可以使版面中的构成元素井然有序、层次分明地排列，能够有效地强调版面的秩序感和比例感，使作品页面更为清晰规整，呈现出更为完善的整体效果（图5-13）。三是运用同类合并原则，把同类项进行归纳，理清书籍各元素信息的逻辑关系和主次关系，使阅读更加直接明了（图5-14）。

（2）图形——背景法则

格式塔心理学认为每一视知觉都能转化为图形与背景的关系。通常人们把知觉对象中的一部分选择提取，形成图形，把剩余的一部分当作

图5-12　国外优秀杂志版式设计

底或背景。通常而言，图形属于鲜明的突出的，背景则属于模糊的隐退其后的，用来衬托图形存在的。相对较小的、相对较封闭的或相对规律的区域被视作图形，而封闭这个面的另一个相对较大的面被视作背景，即底。在版式设计中，书籍的开本版面纸张就是背景、基底，上面的图片和文字就是图形。当图片作为背景时，上面的文字就是独立存在的图形。所以图形与背景的关系不是静止的、一成不变的，图形与背景的辩证关系衍生了相互依存、相反相成的正负形关系，由于正负形二者的关系才构成了一个完整的版式空间。版式设计者可以通过创意性思维把图形和背景呈现出交流互动的形象。另外，空间的留白对书籍版式设计也有着不可估量的作用。一方面，可以利用空旷的背景来强调该要素的视觉形象，以引起读者的注意，另一方面，维持了版面的平衡，提升了画面的美感。如在书籍版式设计创作中割裂了图形与背景的关系，不注重背景的作用，那么往往是没有把图形与图形的间隔区看作为整个样式的一部分，在完整性的体现上就会大打折扣（图5-15、图5-16）。

图5-13　Hałcnów书籍版式设计

（3）力的平衡表现

格式塔心理的“完形”可以理解为是“力”自发追求平衡、整体的趋向而形成的一种力的完形心理样式。在艺术形态中的力并不是传统意义上我们感受到的客观存在的力，是一种“心理力”的感受。简单地说，就是通过形状、位置的变化或单元形的组合秩序，能够使人们在视觉上产生一种心理上的力量。在书籍版式设计中，“心理力”是存在的，它体现在力的形式感和方向感上，它能给版面带来一种全新的秩序感。一张图片如果位于版面的中心位置，会给人一种静止、饱满、呆滞的感觉，那是因为在版面中上下左右的力相互抵消使其达到一种静态平衡（图5-17）。一张图片如果位于版面的三分之一位置，则会给人一种动态的感觉，因为其位置有一股上下流动的张力（图5-18）。“张力”是版式设计中不可或缺的元素，它能构成一个富有活力和想象力的二维空间，可以赋予版式设计元素以力量和生命感。在版式设计中，为了追

图5-14　国外优秀杂志版式设计

图5-15　巴西设计师Joao Doria版面设计

求画面的动态感去制造不平衡的形，但为了实现版式设计整体的美感，最终还是要达到整体结构的平衡。格式塔的“变调性”为版式设计提供了理论支持和方法引导，在力的相互作用中构成了整体的平衡。

（4）创造性的视觉思维

格式塔心理学强调的创造思维是打破旧的完形，创造新的完形。在书籍版式设计中就是为一个旧的内容发现一种新的形式。书籍是包含自然和生活所取得的一种想象空间的构造体。当我们在对书籍版式设计中的图形与文字进行编排时，首先要从主观意识上去理解和改变，将客观与主观进行融合创造出更多主观的想象空间，在基本的构造中带有艺术性质的主观意识。在整体性观念的引导下把握文字与图形，时间与空间，创新思路，不拘于局部，让书籍版面产生一种新的生命力，激发人的想象力。三维有三维的真实感和立体性，例如雕塑和建筑。但二维版式设计也有其独特的表现方式和特点，使它更具有神秘和想象的空间，更抽象、更易于幻象（图5-19）。

图5-16 挪威与波兰当代设计展作品集

三、视觉流程

在一个画面中，人的视觉焦点只有一个，由于画面中不同的视觉元素刺激强度不同，视线会在不同元

图5-17 vida杂志版式设计

图5-18 国外杂志优秀版式设计

素间流动。而这种流动是可以通过视觉要素的特定朝向和排列进行引导的，从而形成版面的视觉流程。视觉流程设计的主要目的是解决注意力的问题，以及围绕人们视觉的流程规律建立逐次进行信息内容传递的结构。学习视觉流程，有利于把握版式间的逻辑关系，突出版式设计的目的性。

1. 方向视觉流程

方向视觉流程主要是依靠画面中各条线段组成的方向感和发展趋势引导的视觉流程，是版式设计中最常见的一种视觉流程方式，主要包括横向视觉流程、竖向视觉流程、斜向视觉流程和曲线视觉流程。

（1）横向视觉流程

横向视觉流程又称水平视觉流程，在排版时，将版面中与主题相关的视觉元素按照水平的走向进行编排，从而使画面形成横向的视觉流程。这种构成方式给人一种平静、稳定和理性的视觉感受（图5-20）。

值得注意的是，横向视觉流程具有方向性，可以通过对画面中视觉元素的编排呈现出向左或是向右的方向感。当视觉流程向右时，符合人们的日常阅读规律，因此带给人舒适、平稳的感觉。当视觉流程向左时，会打破编排的一系列规则而使画面充满奇特感。

（2）竖向视觉流程

竖向视觉流程又称垂直视觉流程，在表现方式上与横向视觉流程相反，是指将画面中的主题元素按垂直的方向进行排列，从而形成竖向的视觉流程。采用竖向视觉流程给人一种简洁、有力、有序的视觉感受，其传达出的内容也更为直接（图5-21）。

在竖向视觉流程中，可以通过对视觉元素的编排来调整画面重心的位置，如加强画面上方的表现，由此构成从上到下的视觉流程给人一种空间的下坠感。相反，则给人一种空间的上升感。

（3）斜向视觉流程

把版面的构成要素倾斜地按照一定规律的排列组合，由此构成斜向的视觉流程。由于大部分的版式都

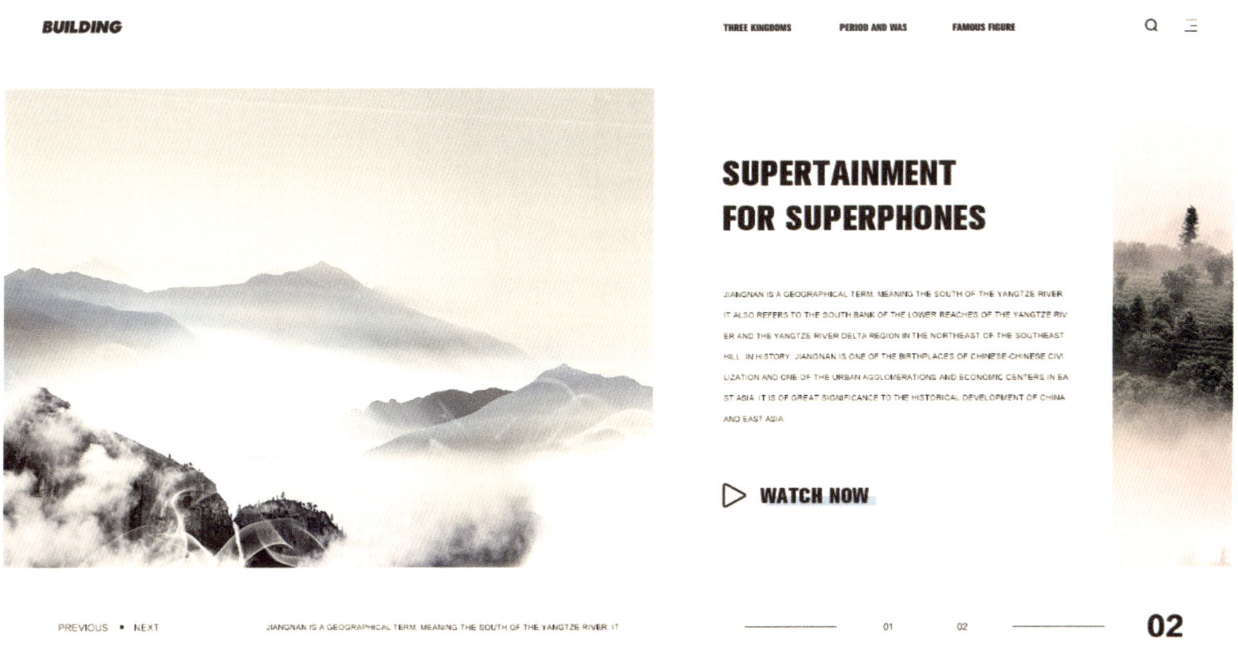

图5-19 国外杂志、书籍优秀版式设计

图5-20　荷兰书籍Blaadje版式设计

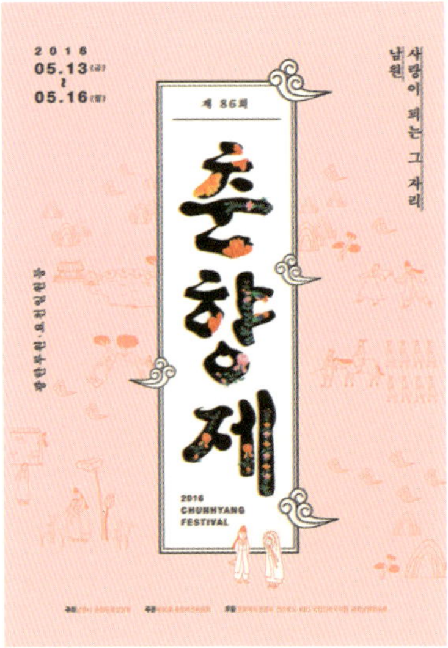

图5-21　韩国海报版式设计

图5-22　国外杂志、书籍优秀版式设计

是按照规整的方式进行编排，所以斜向的视觉流程给人一种前所未有的新奇感和运动感。

在斜向视觉流程中还可以细分为单向的斜向视觉流程和多向的视觉流程。单向的斜向视觉流程是指视觉元素按单个倾斜方向排列组合，这种编排方式既强化了主体物的视觉形象又提高了版式的关注度。多向的斜向视觉流程是指视觉元素按多个倾斜方向排列组合，该排版方式会使画面呈现出丰富的变化，具有一定的不稳定性。在进行该版式排版的过程中，要注意理清画面的主次关系，避免杂乱无章的表现（图5-22）。

（4）曲线视觉流程

曲线视觉流程是指画面中的视觉元素跟随一个弯曲的弧线进行排列组合，以一个弧线的走向引领读者的目光完成整个阅读流程。曲线视觉流程没有直线视觉流程那么直接简练，它有自身的迂回感，这种迂回感缔造了曲线视觉流程微妙且富有变化的版式特色。这种构成方式给人一种活泼、轻松以及自由的感受。曲线视觉流程的形式变化多样，可供选择的空间也非常大。

抛物线形视觉流程就是曲线视觉流程中最常见的一种。在版式设计中，设计者将画面中的视觉元素按抛物线式的走向进行排列，这种视觉流程的特点是在方向上具有一定的单一性。

S形视觉流程，是以拉丁字母“S”为参考物，将视觉元素按照“S”形扭曲的方向进行排列组合，使读者的视线跟着该要素移动，从而达到“S”形视觉流程版式效果。S形的曲线结构十分完美，所以将S形的结构用于排版中时能极大地提高版式结构的美感（图5-23）。

2. 导向视觉流程

在版式设计中设计者会使用一些手法对读者的视线进行引导，使其按设计者的思路引导读者观赏画面，完成对主题的传达，这就是导向视觉流程。

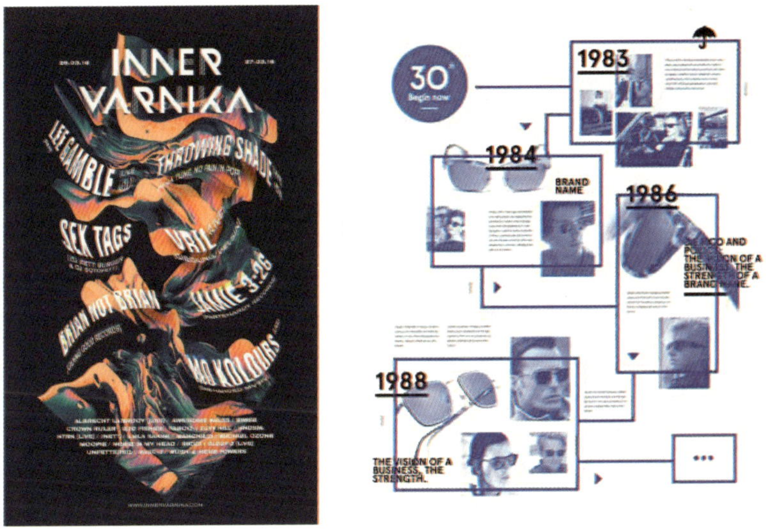

图5-23　国外优秀版式设计

根据版式结构和引导方式的不同，导向视觉流程一般可以分为以下几类：向心型视觉流程、离心型视觉流程、十字型视觉流程和引导型视觉流程。

（1）向心型视觉流程

将画面中的视觉元素以向版面靠拢的方式进行编排与组合，使画面产生向内的视觉牵引力，有效地吸引读者的视线，使读者按照版式向内的延展方向来预览（图5-24）。

（2）离心型视觉流程

以扩散为主的离心型视觉流程与向心型视觉流程恰恰相反。它是将画面中的视觉元素以分散的状态摆在画面的周边，产生由内向外的扩散效果（图5-25）。

（3）十字型视觉流程

将画面中的视觉元素以十字或斜十字的方式进行排列组合，这种编排手法构成了十字型的视觉流程。在十字型的构成中，画面的视觉焦点为十字交叉处，视觉要素要尽可能的位于十字交叉处，从而使读者的视线集中在这一点上（图5-26）。

（4）引导型视觉流程

利用一些带有方向性的线段图形来引导读者，按其预设的流程来完成对版面的预览。常见的方向性视觉元素例如箭头图形、直线等（图5-27）。

3. 重复视觉流程

在画面中将相同或相似的视觉元素重复地进行排列组合，这种视觉流程的形式被称作重复视觉流程。重复视觉流程充满了规律性和理性的节奏感，反复强调使人印象深刻。重复视觉流程的表现方式主要有两种：反复式和渐变式。

图5-24　日本设计师三重野龙（Ryu Mieno）设计作品

（1）反复式

反复式是指在画面中反复重复元素，以同样的形式与姿态构成反复的视觉流程。这种方式的画面构成多少会显得较为单一，缺乏变化性。但当所有元素以相同的方向统一为一个整体时，单一方式的运动感与视觉的冲击力也会随之大大增强（图5-28）。

（2）渐变式

渐变式是指将重复的视觉元素按照一定的规律进行变化，例如大小、位置等。渐变式重复视觉流程可以增加画面的节奏感和韵律感，使画面拥有丰富的变化，带给读者以美的享受（图5-29）。

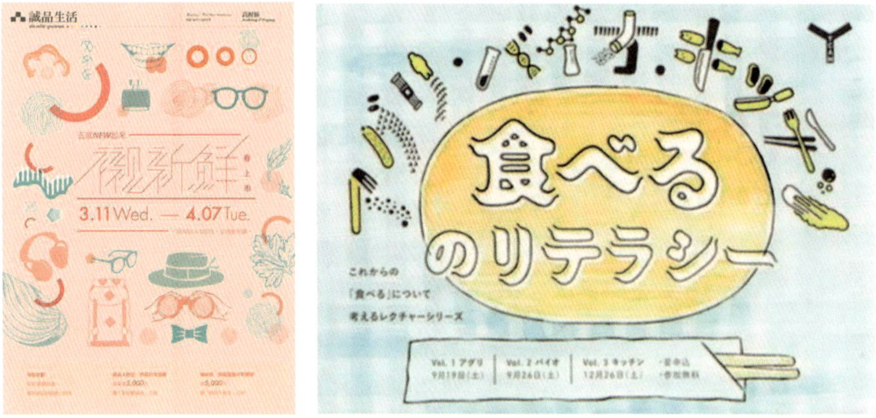

图5-25　国外优秀版式设计

图5-26　国外优秀版式设计

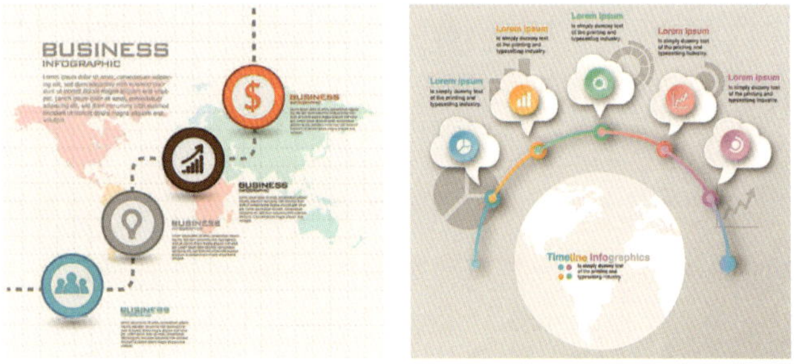

图5-27　国外优秀版式设计

图5-28　国外优秀版式设计

图5-29　音乐节海报版式设计

4. 散点视觉流程

散点视觉流程是指画面中的视觉元素散点排列在版式的各个位置上，没有特定明确的规律性，给人以轻松、自由、活泼、生动的感觉（图5-30）。

5. 黄金分割位置决定的视觉流程

黄金分割又称黄金律，就是将一个整体一分为二，这两部分较大部分与较小部分之比等于整体与较大部分之比，其比值为1：0.618或1.618：1，即长段为全段的0.618。0.618被公认为最具有审美意义的比例数字，是最能引起美感的比例，因此称之为黄金分割。

这个数值用之广泛，它直接体现在艺术设计、绘画、雕塑、音乐、建筑等艺术领域，甚至还体现于管理、工程设计等各个方面。

黄金分割位置是指在无论是横版式还是竖版式的构图中，将版式横边与竖边分别以两条直线分成三份后获取的四个焦点位置。在版式设计中我们可以把能表达主题内容的重要视觉元素放在这四个点上，因为黄金分割点是版面中视觉感受最为舒适的点，所以人们本能的就会比较关注这个位置（图5-31）。

6. 切入式视觉流程

将视觉元素的局部放到版式中进行编排，这样的布局结构称为切入式视觉流程。切入式的结构可以增强版面结构的互动性，缩短读者与版式之间的距离。利用视觉元素的不完整性，激发读者对不完整事物的想象力，同时还能勾起他们对版面内容的兴趣（图5-32）。

图5-30　创意书籍杂志版式设计

图5-31　创意书籍版式设计

图5-32　Pomphrey版式设计

— 补充要点 —

调整视觉重心控制版面主题表现

将与主题有直接关联的元素摆放在视觉重心的位置，以此强化画面对主题的表现。在版式设计中，视觉重心能帮助我们提炼出画面的重点信息，如此一来，不仅加强了版面的视觉表现力，同时还缩短了观赏者的感知时间，从而促进了版面的传播效率。例如，设计者刻意将背景画面进行模糊处理，从而使主体物的视觉形象得到突出，并进一步成为版面的视觉重心。

第二节　字符和插图

一、字符测量法及字号

1. 字符测量法

印刷文字有大、小变化，在处理软件中汉字字形大小的测量目前主要采用印刷业专用的号数制、点数制和级数制。尺寸规格以正方形的汉字为准，对于长或扁的变形字，则要用字的双向尺寸参数。

（1）号数制

汉字大小定为七个等级，按一、二、三、四、五、六、七号排列，在字号等级之间又增加一些字号，并取名为小几号字，如小四号、小五号等。号数越高，字越小。号数制的特点是用起来简单、方便，使用时指定字号即可，无须关心字形的实际尺寸，缺点是字大小受号的限制，有时不够用，大字无法用号数来表达；号数不能直接表达字形的实际尺寸；字号之间没有统一的倍数关系，折算起来不方便。尽管如此，号数制仍是目前表示字形规格最广泛的方法。

（2）点数制

点数制是国际上通行的印刷字形的一种测量方法。这里的“点”不是计算机字形的点阵，“点”是传统计量字大小的单位，是从英文Point的译音来的，一般用小写p表示，俗称“磅”。根据印刷行业标准的规定，字号的每一个点值的大小等于0.35mm，误差不得超过0.005mm，如五号字换成点制就是等于10.5点，也就是3.675mm。外文字全部都以点来计算，每点的大小约等于1/72英寸，即等于0.35146mm。

在字处理中，点数制与号数制并存使用，互为补充，国际上通用的是点数制，在国内则是以号数制为主，点数制为辅，两者相互之间有对应的折算关系（图5-33）。由于计算机处理汉字时，字大小可以灵活地无级变化，且对于一些大字，号数制有限的号数也无法计量，所以计量单位比较小的点数制更适合字处理系统对字形的计量。

（3）级数制

级数制实际上是手动照排机实行的一种字形计量制式。它是根据这种机器上控制字形大小的镜头的齿轮，每移动一个齿为一级，并规定1级＝0.25mm，1mm=4级。有不少的电子排版系统在字形大小上也支持级数制。

2. 字号的应用

（1）排版用字的基本原则

出版物的基本用字根据以下三方面因素选择。第一，开本幅面大小——用字大小与出版物幅面成正比（图5-34、图5-35）。

字号	磅数	宋体	黑体	仿宋
初号	42	宋体初	黑体初	仿宋初
小初	36	宋体小初	黑体小初	仿宋小初
一号	26	宋体一号	黑体一号	仿宋一号
小一	24	宋体小一	黑体小一	仿宋小一
二号	22	宋体二号	黑体二号	仿宋二号
小二	18	宋体小二	黑体小二	仿宋小二
三号	16	宋体三号	黑体三号	仿宋三号
小三	15	宋体小三	黑体小三	仿宋小三
四号	14	宋体四号	黑体四号	仿宋四号
小四	12	宋体小四	黑体小四	仿宋小四
五号	10.5	宋体五号	黑体五号	仿宋五号
小五	9	宋体小五	黑体小五	仿宋小五
六号	7.5	宋体六号	黑体六号	仿宋六号
小六	6.5	宋体小六	黑体小六	仿宋小六
七号	5.5	宋体七号	黑体七号	仿宋七号
八号	5	宋体八号	黑体八号	仿宋八号

图5-33　字号大小及号数制与点数制转化关系

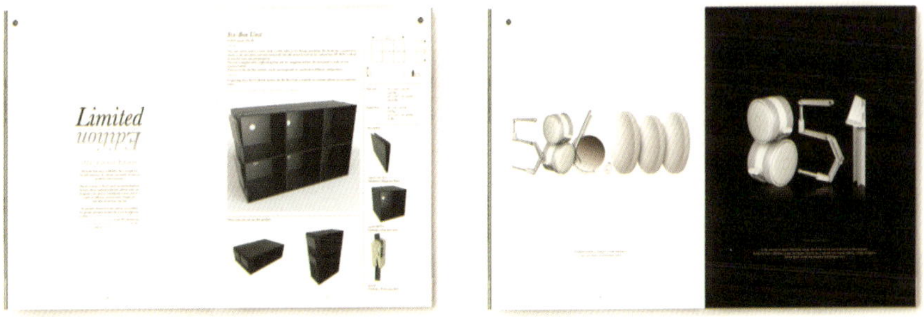

图5-34　32开书籍版式设计

图5-35　16开书籍版式设计

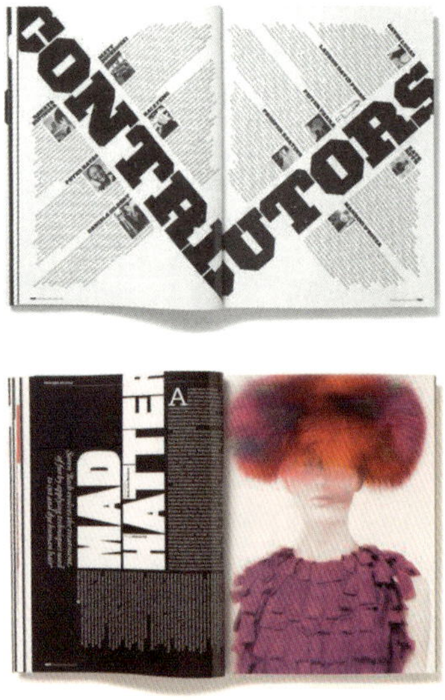

图5-36　Plastique杂志版式设计

图5-37　The Recorder杂志版式设计

图5-38　国外杂志版式设计

第二，排版内容——重要的内容用字大一些（图5-36）。

第三，篇幅长短——用字大小与篇幅长短成反比（图5-37）。

（2）标题排版中常用的字号

版面标题字大小选择的主要依据是标题的级别层次、版面开本的大小、文章篇幅长短和出版物的类型及风格四个方面。

标题字大小主要根据标题级别来选择，常见的大字标题选择范围有

16开版面的大字标题可选用小初号（36p）、一号（27.5p）和二号字（211p）;

32开版面的大字标题可选用二号字（21p）和三号字（15.8p）;

64开版面的大字标题可选用三号字（15.8p）和四号字（14p）。

书籍排版中，标题往往要分级处理，因此标题字一般要根据级别的划分来选择字号大小和字体变化。一级标题选用字号最大，而后依次递减排列，由大到小（图5-38）。

（3）正文的字号

正文用字的大小直接影响到版心的容字量。在字数不变时，字号的大小和页数的多少成正比。一些篇幅很多的廉价书或字典等工具书不允许很大很厚，可以用较小的字体。相反，一些篇幅较少的书可用大一些的字体。一般书籍排印所使用的字体，9~11磅的字体对成年人连续阅读最为适宜。8磅字体使眼睛过早疲劳，但若用12磅或更大的字号，按正常阅读距离，在一定视点下，能见的又少了。大量阅读小于9磅字体会损伤眼睛，应避免用小号字排印长的文稿。儿童读物一般需用16磅字体。小学生随着年龄的增长，课本所使用字体逐渐由16磅到14磅或12磅。老年人的视力比较差，为了保护眼睛，老年读物也应使用较大的字号（图5-39）。

二、印刷字体

印刷字体是一种规范化文字形体，供印刷排版使用。印刷字体基本上可以归纳为六大类：宋体、仿宋体、黑体、楷书、秀丽体和装饰体。下面介绍四类常用印刷字体：

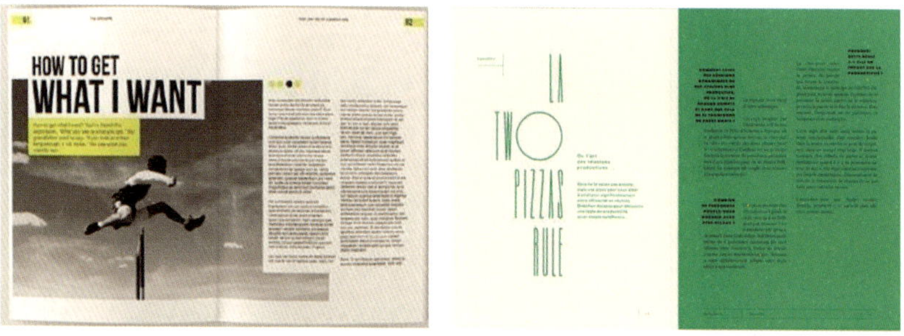

图5-39　国外杂志版式设计

1. 宋体

宋体起源于宋代，是随着我国雕版印刷术的发明而产生的字体，典型的汉字代表。早期的宋体是根据楷书发展而成，但雕刀在雕刻过程中，笔画的装饰角和转折等笔形特征逐渐变得简洁有力，在明代形成了字形方正、结构饱满、横细竖粗、秀丽又不失文人气质的宋体，它奠定了现代宋体结构的基本风格特征，是到目前为止最有利于阅读，特别是在内文设计中使用最广泛的一种中文印刷字体类型（图5-40）。

2. 仿宋体

仿宋体是模仿宋版书的字体，是把宋体字横直笔画的对比加以调整至差不多的情况。其特征是笔画粗细匀称，字形略长，结构优美。适合排印诗集和短文，或用于序、注释、图片说明和小标题等，由于它的笔画较细，阅读时间长容易损耗视力，效果不如宋体，因此不宜排列长篇的书籍（图5-41）。

3. 楷体

楷体是用毛笔很工整地“手写”的字体，它的间架结构和运笔方式与手写楷书完全一致。由于笔画和间架不够整齐和规范，通常适合排小学低年级的课本和儿童读物，一般书籍很少用它排正文，仅用于短文和分级的标题（图5-42）。

4. 黑体

黑体产生于近代，受西方无衬线字体影响。它是在宋体结构的基础上取消了粗细变化和装饰特征，横竖笔画粗细一致，方头方尾，灰度比宋体重，因此得名黑体。视觉上黑体字形端庄，笔画粗细均匀、整齐美观，显得庄重、醒目，富有现代感，易于阅读。常用于标题和重点文句（图5-43）。

每一种字体都有其特定的产生时代背景，它们的结构特点和笔形特征的差别决定了自身风格特点。比如个性特征、视觉上轻重不同的灰度感、现代或沧桑的历史感、对阅读速度的影响等，在设计时要考虑书籍内容的特征，以及字体和其他设计元素之间的协调关系，进行字体的选择和应用。

三、创意字体

创意字体是在标准的美术字——宋体、黑体字的基础上进行装饰、变化的字体。创意字体在一定程度上摆脱了原字形和笔画的束缚，依据文字内容，充分运用想象力，艺术地重新组织结构，再创样式。创意字体是变化了的文字，这种变化更增添了文字的魅力。

1. 创意字体的设计原则

文字的风格化创造，要符合美学法则的规范，也要符合辨识的需

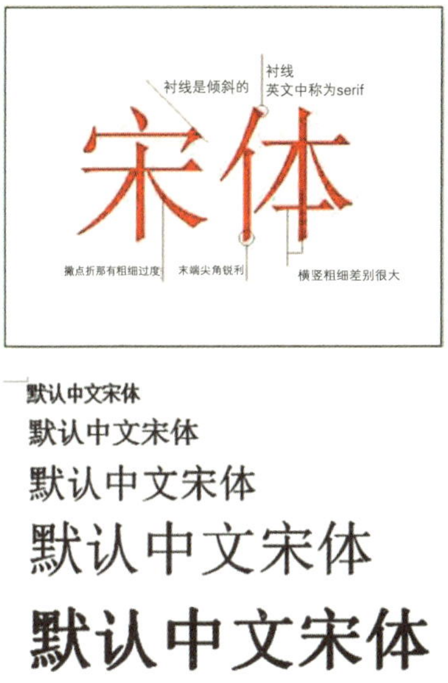

图5-40 宋体

图5-41 仿宋体

图5-42 楷体

图5-43 黑体

图5-44　飞特设计创意字体

图5-45　飞特设计书法创意字体

图5-46　飞特设计创意字体

要。作为具有信息传播载体功能的文字，在进行创意设计时，要遵循以下一些原则：易读性、艺术性、创新性、时尚性。

（1）易读性

在文字设计中，美不仅仅体现在局部，而是对笔形、结构及整个设计的把握。怎样协调笔画与笔画、字与字之间的关系，强调节奏与韵律，创造出更富表现力和感染力的设计，把内容准确、鲜明地传达给观众，是文字设计的重要课题。首先，对文字的阅读并不是单一层次的，它需要通过一定的版面形式来引导读者阅读的流程，专业的字体设计往往根据需要选择合适的印刷字体，并根据所选择的字体来考虑空间的关系。其次，“读图”成为这个时代的重要特征，这就必然要求文字图形化的发展，这样文字的单一阅读功能就转化为一种视觉语言、符号特征。同时图文混排，视觉的介入让我们把更多的精力都放在图片上，以达到信息传递的效果，赋予设计作品新的美学品质（图5-44）。

（2）艺术性

以书法为落脚点来看创意字体的设计。中国书法的价值是一种抽象的精神载体，它反映了中国人认识世界的方式，反映了历史发展进程中的主流文化意识。自从汉代以来。书法艺术就成为独立的艺术门类，随着审美意识的逐步加强和印刷术的不断改进、书法逐步脱离实用，以至于到现代真正成为名副其实的“纯艺术”形式。实际上，书法艺术在很长时间以来，一直游离于实用的阅读性和纯粹的艺术性之间。书法的造型形式作为一种形式语言在现代设计中正被越来越广泛地运用。在设计中虽然有大量形式、风格繁多的字体库可以随手拈来，但这些字似乎很难从深层次理解汉字的结体规律和精神内涵、通过对书法的研习和运用可以起到突出设计风格的作用（图5-45）。

好的文字形态体现着对组织、结构、韵律、节奏、质感、色彩等综合因素的把握，但人们的审美意识并非完全一样，对于艺术性的表现有不同的认识和理解，这使文字表现的多样性成为可能。文字的非阅读性如果从视觉角度而不是从文化角度来讲，它是文字作为艺术创作的材料，它是文字在没有阅读功能以后，仍然具备审美性和表意功能。亦字亦画，想象丰富，产生动人的力量（图5-46）。

（3）创新性

创新是设计的根本。对于文字设计而言，创新有很多种，这就要求我们时刻思考文字形态的变革，实践文字形态的各种可能。版式设计的创新，是对文字常规形态的突破。一般而言，作为横排的排版方式，符合自上而下、自左而右的常规习惯。有时我们会为了设计需要，有意改变文字这种平淡的排版方式，赋予文字以新的、活泼的、动态的视觉属性，以激发人们更大的阅读兴趣，提高信息传达的创新性和有效性。

在现代设计中，文字的设计开始以个性化、风格化的方式展现在消费者面前，具有商业宣传的效果。20世纪30年代以后，在欧美等国家兴起的现代设计浪潮提出了新字体设计的口号，开始从功能的需求探讨字体的形式美感。他们打破书写常规、追求形式，倾向于抽象绘画风格，产生了不少追求新颖的新字体，给人留下深刻的印象（图5-47、图5-48）。

（4）时尚性

字体的创意应与时俱进，跟随时代，追踪流行，以达成创意字体的最高目标（图5-49）。

图5-47　书籍《连结》创意字体

图5-48　书籍《守望三峡》创意字体

图5-49　日本字体设计师北川一成作品

2. 创意字体的构思

不论是外文字体还是中文字体，都有各自的书写规律。创意字体在进行字体变化时，可从以下角度进行构思：字形、笔画、结构。

（1）字形

文字虽有基本造型，但在设计字体时，还是可以先从打破字体形状的角度来入手。

汉字是方块字，以方方正正为特色，在书写标准美术字时，以方格来规范它们的大小，以求均匀、整齐、规律、好看。在对文字进行变化时，首先应当考虑的就是打破文字的外形规矩，以求变化。方形可以拉长、压扁、倾斜（图5-50）或依多边形、椭圆形、异形以及物体的形状，将文字适合在形状中，以字形的变化刺激创意构思（图5-51）。当然，这些变化首先要符合文字的词义。在此基础上，可以继续延展上述形状变化概念：朦胧不确定的形、动态变幻的形等，可不拘一格。

（2）笔画

文字由笔画构成，文字的笔画也各有规律。如汉字的撇、捺、点、横；拉丁文字的转角、横竖比例、斜度及装饰角。宋体字、黑体字、波多尼体、黑尔维卡体等，不同的字体各有规律。创意字体时，可以从笔画着手，改变笔画的统一规律，创造出新的符合文字内涵的笔画风格（图5-52）。

（3）结构

文字笔画的穿插，横画竖画的比例，笔画与空白的分布，形成文字的结构，不同字体也有各自的书写规范。如汉字要先上后下、先左后右、先主笔后副笔；拉丁文有大写和小写之分；文字的排列还有行间距的要求。创意时，可以有意识打破这些规范，对文字的部分结构进行夸张和变形，如放大、缩小、位移、变形、改变文字原有的重心、改变文字笔画的书写顺序和连接关系，使构图更紧凑，字形更别致，创造出令人刮目的新形式（图5-53）。

图5-50　飞特设计创意字体

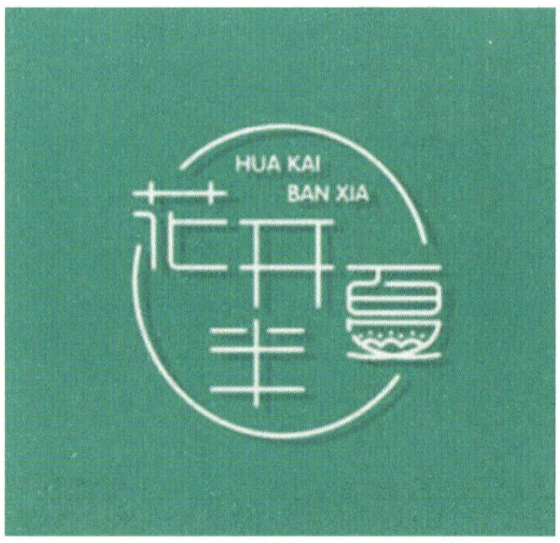

图5-51　飞特设计创意字体

图5-52　飞特设计创意字体

图5-53　国外优秀创意字体

四、段落编辑

在版式编排中，文字是最直观最重要的视觉元素之一。由文字组成段落，我们可以通过对段落文字的编排来控制版面整体的风格倾向。

1．段落文字左右对齐

在版式设计中，段落文字左右对齐是指在每一行中文字排列从左至右的长度是完全相等的。当使用这种左右均齐的编排手法时，段落最终的形状往往是非常规整的，也正是由于这样的特性，使得画面表现出规范有度、整齐干净的视觉效果，利用这样的视觉效果使画面整体显得平静舒缓。通过文字段落左右排列的方式来减轻大篇幅文字带来的心理压抑，从而增强观赏者对版面的兴趣感（图5-54）。

2．段落文字齐左/齐右对齐

段落文字齐左/齐右对齐是指段落文字以整体靠

图5-54　8½ Magazine杂志版式设计

左或靠右的方式进行排列。

段落文字的齐左排列，是将每段文字的首行和尾行进行左对齐，与此同时，段落右侧呈现出参差不齐的效果。这类排列方式在结构上符合人们的阅读习惯，可以使阅读者在阅读时感到轻松与自然（图5-55）。

段落文字的齐右排列，是将每段文字的首行和尾行进行右对齐，与此同时，段落左侧呈现出参差不齐的效果。由于齐右排列有违人们的阅读习惯，因此该类排列在视觉上总会给人以不顺遂的印象，但同时也给版面增添了几分新颖的效果（图5-56）。

3. 段落文字居中对齐

段落文字居中对齐，是指版面中的文字元素以画面的中心线为参照物，将段落的中心与画面的中心进行重合式排列。段落文字居中对齐拥有简洁的排列结构，是版式设计中最为常见的一种排列方式，在书籍目录中应用较多。这种排列方式引领观赏者的视线集中在版面的中间，从而引发观赏者的感知兴趣。此外，该类排列的左右两端同时呈现出对称的状态，这样就赋予了该版式结构以强烈的节奏感（图5-57）。

4. 段落首字突出

在版式设计中，可以通过突出段落首写文字来强调该段文字在版式中的重要性，同时吸引观赏者的视线，从而完成信息的传达。在实际的设计过程中，通常以艺术加工的方式来突出首字的视觉形象，如通过配色关系、外形特征和大小比例等。标题的首字突出，从视觉意义上讲它能加强该段文字的视觉凝聚力，由于标题本身就是版式中最耀目的视觉要素之一，将该段文字的首写文字进行强化处理，能使版式整体的注目度得到大大提高，并引发观赏者的观感兴趣（图5-58）。

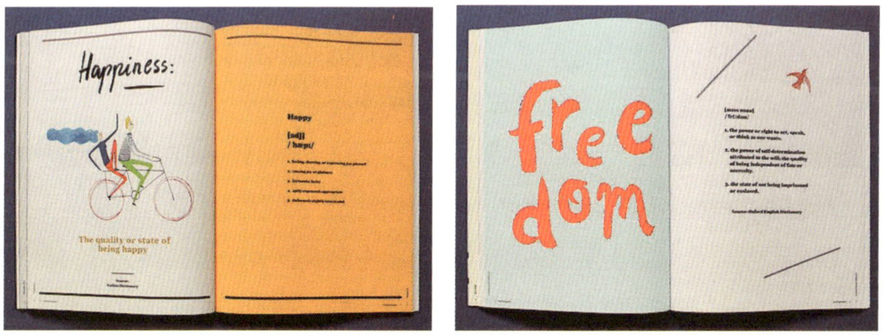

图5-55　New Philosopher杂志版式设计

图5-56　杂志版式设计

图5-57　D8杂志创意版式设计

图5-58　Saude健康杂志版式设计

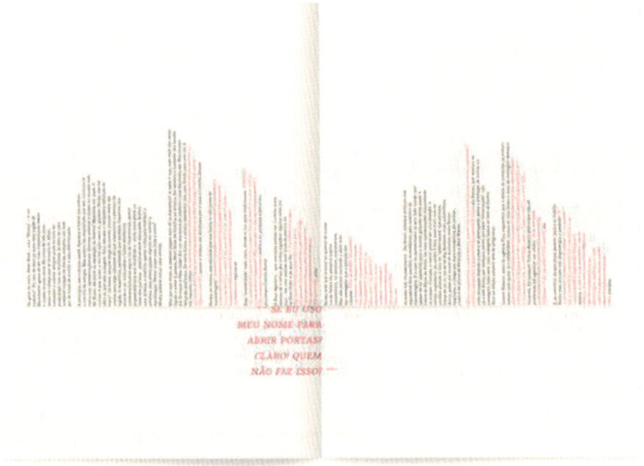

图5-59　国外优秀书籍版式设计

5. 段落文字齐上/下对齐

将段落文字以竖直的走向进行排列，与此同时，还要确保每段的首个文字在水平线上对齐。通过该种排列手法，可以打造出文字的齐上/下对齐效果。在我国的古代文献中，大多数的文字都是以齐上的方式进行排列的，但到了今天，这样的编排方式已经非常少见了。因此，当将齐上/下式的文字排列运用到版式设计中时，会带给观赏者一种独特的版式印象（图5-59）。

五、艺术插图

1. 艺术插图的分类

在平面构成中，艺术插图依据自身的内容来对主题信息进行表述，而不同的图片所阐述的信息也存在着差异性。为了能够通过艺术插图来丰富版面的表达形式，可以采用一些具有代表性的图片内容，以提高版面的注目度。根据图片内容的不同，将图片的类型划分为夸张性插图、具象性插图、抽象性插图和拼贴插图。

（1）夸张性的艺术插图

夸张是一种修辞手法，将夸张这种概念融入艺术插图中，不仅能加强其主题内容的表现，还能激发观赏者的想象力。在实际的设计过程中，可以选择一些在视觉或形式上具有夸张性的视觉元素，使画面产生视觉冲击感，从而给观赏者留下深刻的印象。对图片中的视觉要素进行艺术化的处理，使其展现出与之前完全不同的形态，以此在表现形式上产生夸张的效果，利用夸张类艺术插图在视觉上的冲击性来刺激观赏者的感官神经，以此带给他们充满新奇感的视觉感受。除此之外，该类图片还具备生动性，能有效地强化画面对于主题的表现力（图5-60）。

（2）具象性的艺术插图

人们对自然界中某个事物的外形进行归纳与总结，并将其以高度浓缩的形象展示出来，从而构成具象化的视觉效果。由于该类图片具有强烈的简洁性与针对性，因此它也常出现在各类书籍的设计中（图5-61）。

（3）抽象性的艺术插图

抽象是指我们对某类事物共性的主观描述，抽

图5-60　国外优秀封面版式设计

图5-61　OutPost杂志版式设计

图5-62　Dragonfly时尚版式设计

象与具象的区别在于，后者能使人联想到具体的某件事物，而抽象则是完全抽离了该事物原有的形态，并呈现出无意识的形态，从而在视觉上带给人们回味无穷的视觉感受。在平面构成中，抽象性图片带有强烈的个人色彩，从艺术角度上打破了人们对美的传统化认识。

尽管抽象类图片并没有固定的表现模式，但在实际的设计过程中，务必要以设计对象的主题要求为中心，并围绕着该中心展开理性的创作，从而打造出具有针对意义的平面作品，使观赏者在感受到画面中抽象美感的同时，还能领略到画面中的潜在信息（图5-62）。

（4）拼贴效果的艺术插图

将不同内容或材质的图片在空间中进行叠加式的排列组合，以构成图片间的拼贴效果，拼贴性图片在结构上有强烈的错位感，此外，将不搭调的图片拼凑在一起，可以使组合整体看起来有种格格不入的视觉效果，从而赋予版式以多元化的编排结构。

大部分的图片在进行拼贴前，都会经过设计者的一番精心剪裁。剪裁不仅能削减次要元素以突出内容的主题，同时随意的剪切还能使图片呈现出一种残缺的美感。拼贴性图片往往能给人以创意十足的感受，例如将不同材质的图片拼贴在一起，显得个性十足。

除了二维平面中的拼贴图片外，还可以利用图片间的叠加效果，赋予版面以立体的视觉效果，同时为版面节约大量的空间（图5-63）。

2. 艺术插图的使用

（1）使用角版图片强调版面的前后对比

角版图片又称之为方形图片，图片的外形呈正方形或矩形。这类图片是我们生活中最常见的图片形式。它拥有规整的外观结构，并能维持版面结构的平衡关系，常被应用在书籍、杂志中。

在版式设计中，将规格不同的角版图片投放到同一个版面中，利用图片外形上的对比增加版面的变化效果，打破呆板的版式格局。由于角版图片具备简洁的外形，因此它可以极大地突出图片中的视觉元素。为了进一步强调图片中的内容，可以将外形一致的角版图片组合在一起，以规整的形式编排，提升画面的统一感（图5-64）。

（2）使用出血图片加强版面视觉冲击力

出血线就是印刷术语中的“出血位”。它的作用主要表现在印刷过程中对成品剪裁时，通过将有效信息安排在版面的出血线内，以确保色彩覆盖了所有版面中要表达的区域。除此以外，还可以利用版式中的出血线来进行创作，打造出一种独特的版式效果。可以在出血线内加入其他的信息内容，从而丰富图片边缘的结构，例如，在出血线内填充黑色的边框，利用该边框加强突出图片内容的表述能力，在此同时，使画面四周达到美观并整洁的效果（图5-65）。

（3）使用去背景图片使物象结构更加明确

去背景图片又称褪底图片，指将图片中的某个视觉要素沿着边缘进行剪裁，以此将该要素从图片中脱离出来，从而形成去背景的样式。在图片处理中，通

图5-63　拼贴版式设计

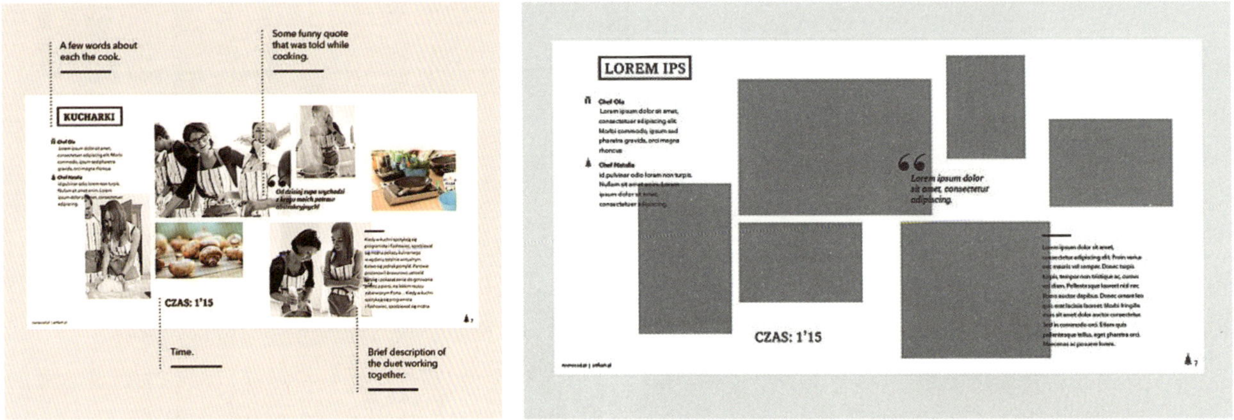

图5-64　Taste Book美食杂志版式设计

图5-65　国外杂志优秀版式设计

过对图片进行褪底处理，使该图片的视觉形象得到提炼，并使图片要素变得更加鲜明与突出，进一步增强该类图片在版面中的表现力。将做过褪底处理的图片与常规图片组合在一起，利用错乱的图片结构关系来打造出具有视觉冲击力的版式效果（图5–66）。

六、信息图表

使用单纯的文字传达信息，读者往往无法快速地理解。可以通过视觉化的处理让内容变得易于把握。一些用文字方式表现时显得冗长的说明，一旦换成视觉化的表现方式就会变得简明清晰，让人一看便可以明白其中的意思。信息图表起到了凝聚信息内容和增加图像比重的作用。

1. 信息图表的分类

在使用信息图表时，要选用适合文章内容表现的图表。信息图表包括圆形信息图表、柱状信息图表、折线信息图表和散布信息图表等。每一种图表所适合表现的内容都不尽相同。

（1）圆形信息图表

圆形信息图表表现的内容为“比例”。当母数为100时，圆形信息图表适合于表现各部分内容分别占有的比率（图5–67）。也就是说，当需要对比各项内容所占的相对比率时，应该使用圆形图表。其特点是，各项内容所占的比率分别以扇形来表示，而各项内容的总和则通常为100%。但是，圆形图表不适合于绝对数值的比较。当总体为“10”时，其中的“5”表示为50%，但是当总体为“1000”时，其中的“300”则为30%。因为这两种类型的表示方式中母数各不相同，所以不能进行简单的数值比较。圆形图表的主要功能是表示母数相同的情况下各部分的比率。

（2）柱状信息图表

与圆形信息图表不同，这是适合绝对数值比较的柱状信息图表。将各项内容的数量等数值通过色柱的

图5–66　Companion杂志版式设计

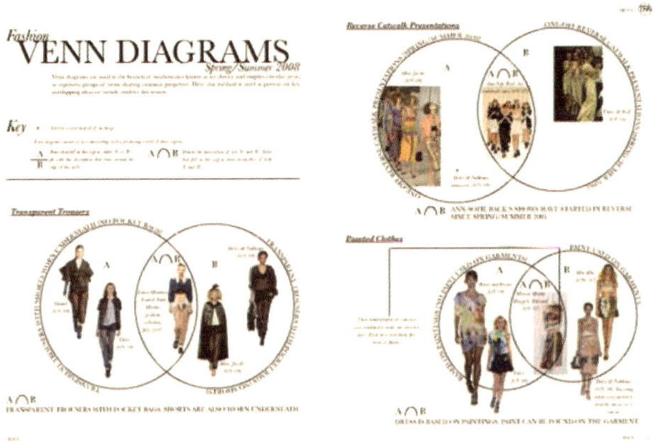

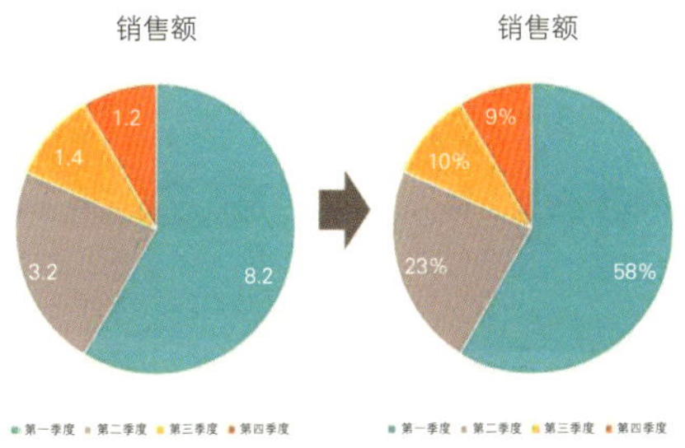

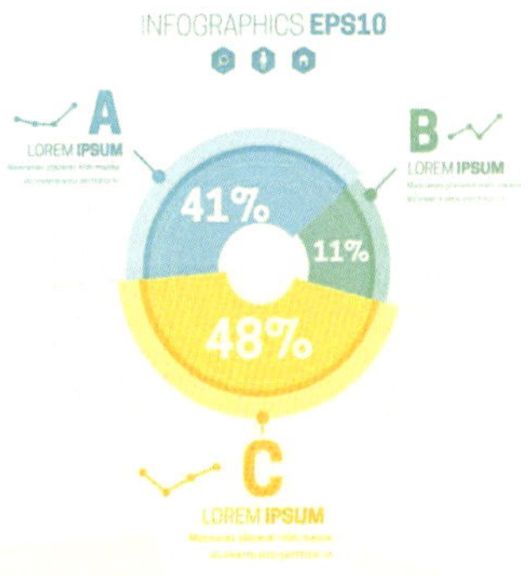

图5–67　圆形信息图表

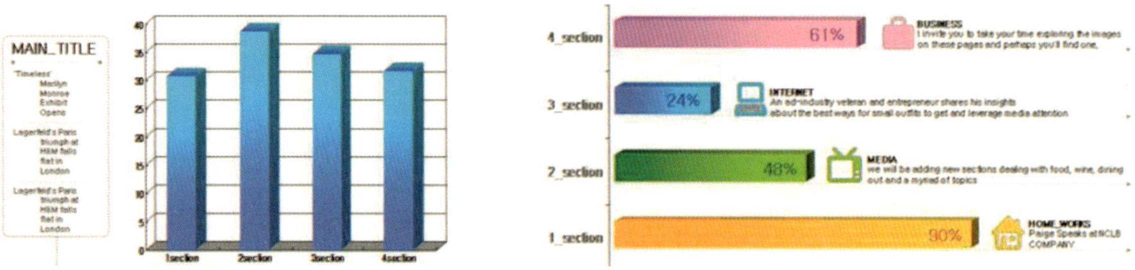

图5-68　柱状信息图表

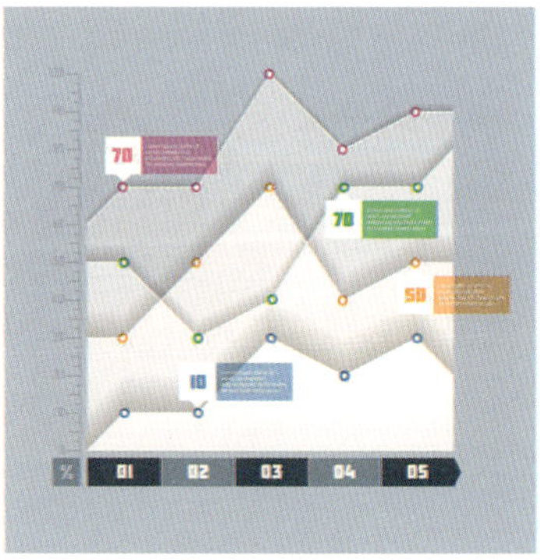

图5-69　折线信息图表

长短来表现，使读者能够进行视觉化的比较（图5-68）。从样式上讲，柱状信息图表包括数值越大色柱越高的纵向柱状图表，和横向伸展的横向柱状图表两种，而两者所能够表现的内容却是相同的。在制作柱状图表的时候，刻度的间距是非常重要的一点。根据这种不同，即便是相同数值的数据，也会给人以完全不同的印象，所以应该考虑设定最合适的间隔。

（3）折线信息图表

将某一个时间点上的数值用点来表示，并将许多个点之间用线段连接，这就是折线信息图表。这种图表适合于表现随时间而发生变化的数据，以及随时间的变化而在数值上呈现出某种变化的趋势（图5-69）。在图表的制作过程中，需要注意的一点是折线的粗细应该设定为什么程度。如果太粗，那么折线的上端和下端的那个位置代表数值的点就变得不易辨识。此外，折线信息图表中还有一个与柱状信息图表不同的特征，这就是，这种图表的形状是线状的，所以就可以同时呈现较多的数据。当然，同时还必须改变每项内容的折线的颜色或种类，保持图片的清晰易读。

（4）散布信息图表

这是一种可以通过点的分布情况，来了解某些数据所呈现出来的动向或趋势的信息图表（图5-70）。每一个点对应一个数据，点的分布越密集的地方，说明其附近所对应的数据越多。也就是说，点的分布越少

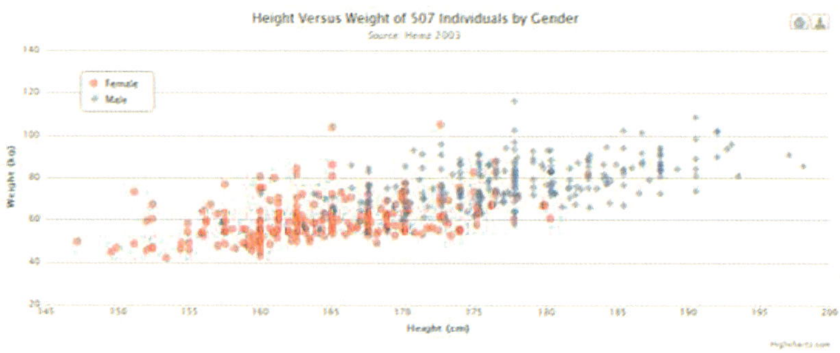

图5-70　散布信息图表

的地方就说明这里存在着某种倾向或规律，点的分布越密集激烈地方，这里的规律就越难于把握，有时候为了使这种倾向能够更加明确，也会在散布图中画出一条线。虽然散布信息图表中所表示的每一个点，都表示某个对应的数据，但是如果在图表的中心位置拉出一条边线，那么图表所呈现出来的整体趋向也就会凸现出来。

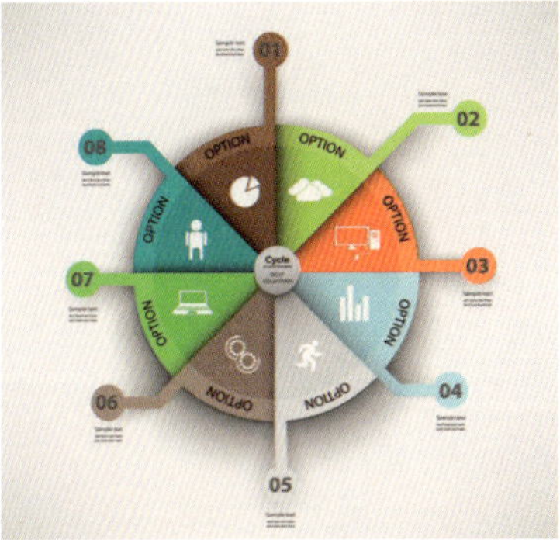

2. 信息图表的使用

信息图表是为了把数据进行视觉化处理从而使其变得清晰易懂的东西，所以图表的外观也非常的重要。所说的考虑外观，是为了让读者能够更容易了解其中内容，有目的地进行信息整理工作。具体来说，应该重视的内容包括：附带单位或注解、色彩的搭配、加入阴影或者使其立体化等美化处理。在进行这些美化处理的时候，还必须考虑到图表与页面其他文本内容的整体平衡。

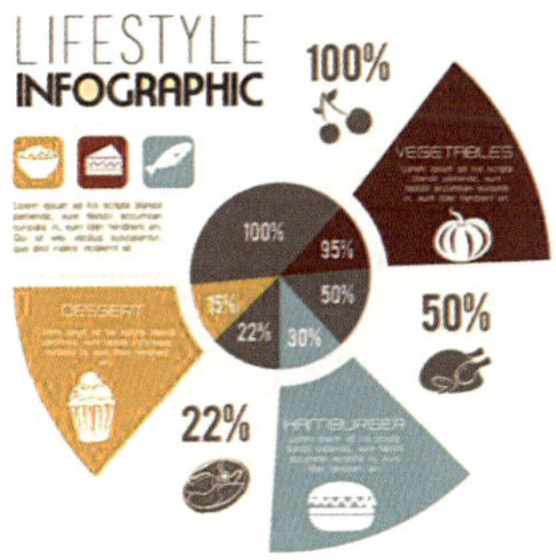

图5-71　与艺术插图组合的信息图表

（1）与艺术插图的组合

数据的图表是为了将生硬的数值通过视觉化的方式使其显得柔和的一种方式。虽然如此，如果单纯地通过柱状信息图表的方式来表现，也仍然会有许多无法彻底消除杂乱状态的情况。在这种情况下，也可以通过对艺术插图的组合使用来达到使总体效果更加柔和的目的。例如，为了表示各项内容之间的差别，很多时候都会使用数量图表。这是为了表现数值而使用了图标等插图内容的图表，它的结构比较容易产生视觉感染力，对读者来说也比较容易产生效果。这样既考虑到了文章的性质，又考虑到信息图表所传达的主题（图5–71）。

（2）通过改变信息图表的形状来强调主题

图表包括许多不同的种类。例如柱状信息图表，无论是纵向形式还是横向形式，都可以表现相同的主题，但是纵向形式和横向形式给读者带来的印象有所不同。相比于横向的柱状信息图表，纵向的柱状信息图表更容易给人以向上伸展的印象。在图表的形式处理中，可以通过改变信息图表的形状，让读者在众多内容之中将目光集中到某一个部分。在不确定应该注意哪个部分的图表中，可以通过设计来明确哪个部分是要点（图5–72）。

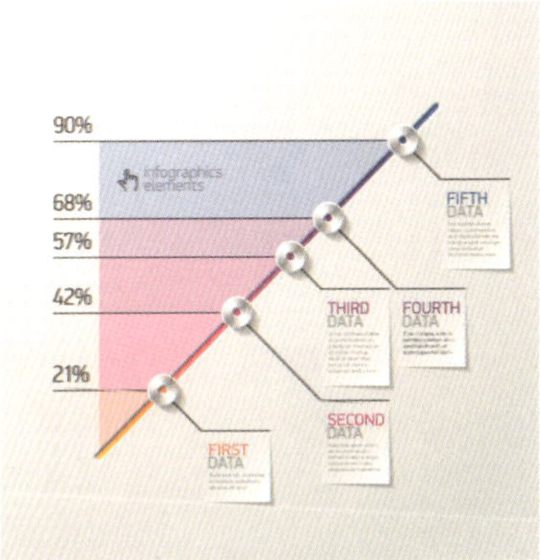

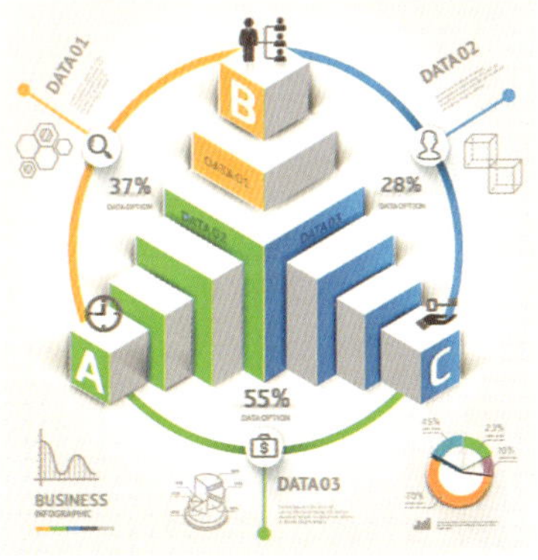

图5-72　不同形状的信息图表

（3）通过配色来调整信息图表

在进行图表制作的过程中，配色也是一个非常重要的因素。从外观上给人留下印象的处理方式是非常重要的，同时根据颜色来控制信息图表带给读者的印象也是值得注意的方面。例如在表示气温的图表中，常温的部分采用暖色调的颜色，而冰点以下的部分则采用冷色调的颜色，这样的处理会比较好，如果颜色处理得相反，那么图表就会让人不易明白了。除此之外，还可以对相似的内容采用同色系的颜色等。配色的处理包括很多的方式，并不是单纯地根据外观效果来决定色彩的搭配，考虑到颜色与意思的关系来选择那些易懂的颜色搭配也是至关重要的（图5–73）。

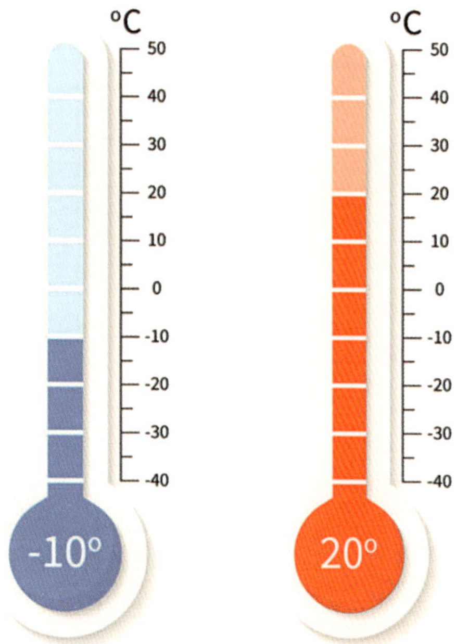

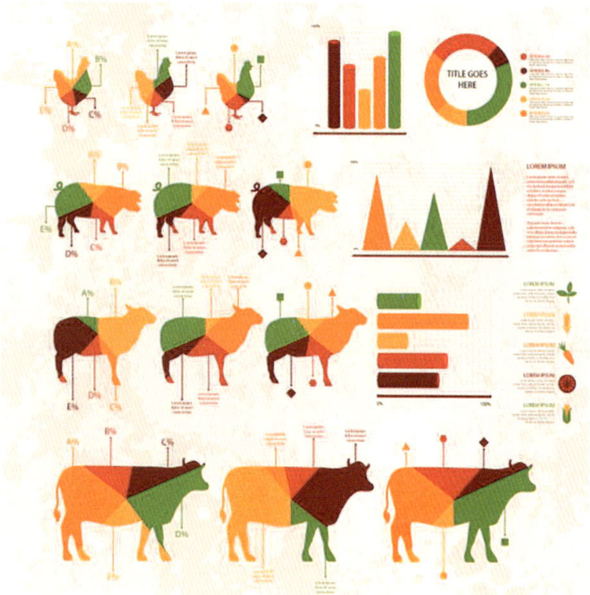

图5-73　不同配色的信息图表

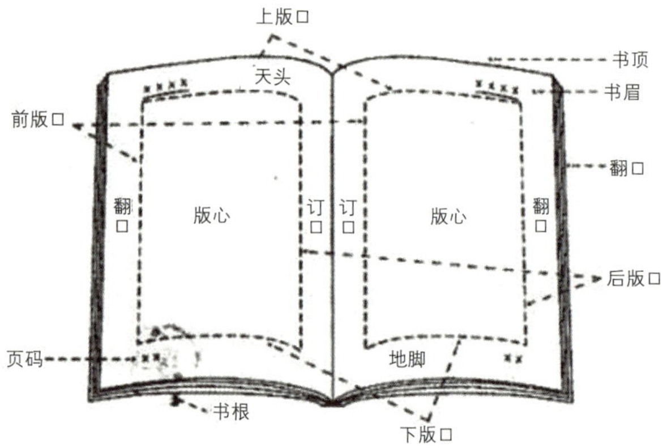

图5-74　版心结构

- 补充要点 -

图版率

所谓图版率，就是视觉要素所占面积与整体页面之间的比率。图版率的高低由版面中图片的实际面积决定。通常情况下，根据设计对象的需求来设定该页的图版率。除此之外，图版率还是影响版面视觉效果的重要因素。利用图版率来调节文字与图片的空间关系，通过不同的组合方式，可以使画面表达出相应的主题情感。

第三节　版式与网格状编排

一、版心设计

通常书籍内页的页面部分称为“版心”，也称为“版口”，是指书籍翻开后两页成对的双页上容纳图文信息的面积。版面的四周留有一定的空白，上面的上白边，称为“天头”；下面的下白边，称为“地脚”；靠近书口和订口的外白边和内白边，分别称为“翻口”（又称“切口”）和“订口”（图5-74）。

双项上对称的版心设计称为古典版式设计，是书籍千百年来形成的模式和格局。版心在版面的位置，按照中国直排书籍的传统方式是偏下方的，上白边大于下白边，便于读者在天头加注眉批（图5-75）。而现代书籍绝大部分是横排，版心的设计取决于所选的书籍开本，要从书籍的性质出发，方便读者阅读，寻求高与宽、版心与边框、天头地脚与内外白边之间的比例关系（表5-1）。

表5-1　开本与版心的比例关系　　　　单位：mm

开本尺寸	版心尺寸
正64开　92.5×130	70×103
正32开　130×185	100×155
正16开　185×260	145×220
正8开　260×370	225×330
大64开　105×140	75×110
大32开　140×210	103×170
大16开　210×285	170×245
大8开　285×430	240×375

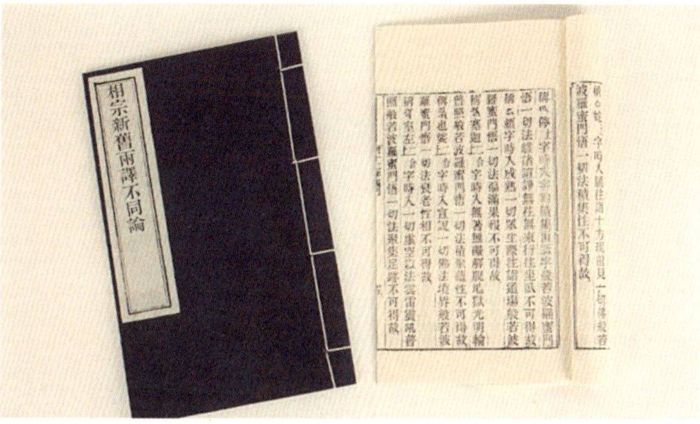

图5-75　中国传统书籍

二、图文混排版式的形式美法则应用

版式设计的重点在于版面各元素的和谐搭配，编排的形式法则是创造画面美感的主要途径，根据主题的不同，所选择的表现法则也是存在差异的。在版式设计中，最常见的形式法则有6种，它们都各自拥有完整的概念与体系。在进行创作时，可根据主题的需要选择相应的表现法则，通过在版面中熟练应用对比、节奏和调和等表现法则来增添画面的美感。

1. 对称与均衡

（1）对称

对称是指图形或物体对某个点、线、面而言，在大小、形状和排列上具有一一对应的关系。在日常生活中，对称形式处处可见，能给人一种稳定感。对称在形式上分为绝对对称和相对对称（图5-76）。

绝对对称是指中轴线两边或中心点周围各组成部分的造型、色彩完全相同，其中中轴线和中心点在确定版面宽窄结构上起着十分重要的作用。版式设计应注意文字、图形的编排与轴线的关系，注意文字、图形组成的轮廓对视觉平衡的影响，因为对称本身在于追求版面的平衡感（图5-77）。

相对对称是指在绝对对称中有少部分文字、图形或色彩等出现不对称的现象，但相对对称不应失去平衡感和稳定感，要把握一定的限度，这样它们就能形成一定的对比，活跃版面，使各元素显得灵活、自由（图5-78）。

图5-76　Soko杂志前卫版式设计

图5-77　Cazador食谱书版式设计

图5-78　国外优秀版式设计

（2）均衡

均衡即平衡，是平面艺术设计常用原理之一，它的优点在于不受中轴线、中心点的限制，没有对称的结构，是利用画面视觉元素的变化达到平衡，使设计的版面有变化而又统一。平衡既是视觉的要求，也是人心理的需求。版式设计的均衡要考虑到画面各要素的主次、强弱关系，以取得视觉美感及内容之间的逻辑性，版式设计的均衡主要包括大小均衡、空间位置均衡、色彩均衡等方面。

大小均衡是利用版面中的文字和图形等构成元素的大小来获得视觉上的平衡，同一种内容的构成元素可以通过多种不同的版式表现手法来实现视觉上的平衡（图5-79）。

空间位置的均衡是利用版面构成元素的位置营造一种视觉上的平衡，这种平衡是以突出版面主题为基础的。版式设计不能脱离主题，主题元素要占据版式中心位置，其他元素可使版式达到平衡的效果，丰富版面。否则会出现本末倒置，减弱设计的目的性（图5-80）。

色彩均衡是基于色彩自身的规律，色彩在版式中有它独立表现的一面。处理不好版面的色彩关系，就会影响信息的传达。色彩使版式更加丰富，精彩纷呈。版式设计必须从色块的大小，色彩的冷暖、明度及纯度等方面来考虑色彩的均衡，同时还要注重调和色的作用，从而达到色彩在视觉上的均衡（图5-81）。

2. 对比与调和

（1）对比

对比可以让各构成元素的特点更加鲜明、生动，形成强烈的视觉冲击力，增强对视觉的刺激，使版面的主题更加明确。只要有两个或两个以上的元素，就能产生对比，根据版式元素的具体特征，对比形式有大小对比、黑白对比、图文对比等。

大小对比是指在版式设计中不同大小的构成元素产生的对比，利用对比可使主题内容凸显出来，这种对比可以体现在很多方面，结合具体设计可以有很多的表现形式（图5-82）。

黑白对比是平面设计中经久耐用的手法，表现张力非常大，具有较强的视觉冲击力，给人清晰、明亮的感觉。黑白对比可以明确地传达出画面的信息，不易产生歧义和误解（图5-83）。

图文对比是版面设计中比较常见的手法。有时将文字图形化，有时使用图形来表现文字。设计中要注

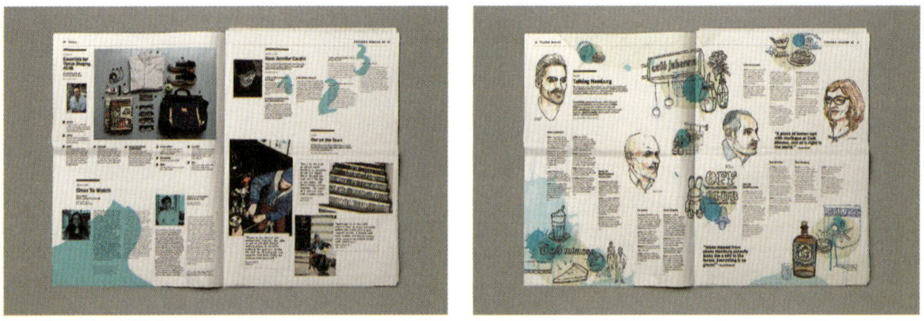

图5-79　Companion杂志版式设计

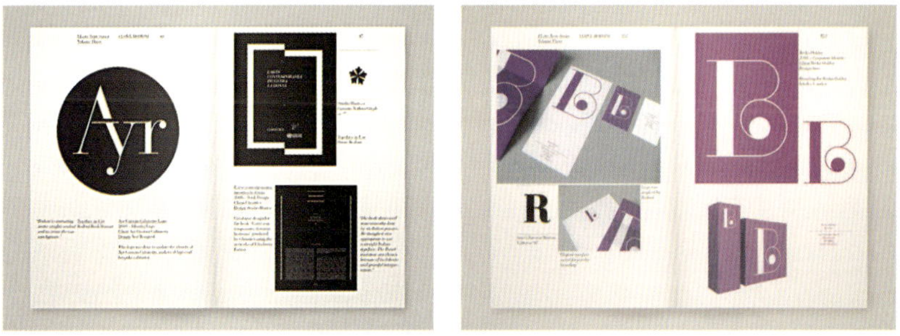

图5-80　I Love Bodoni杂志版式设计

图5-81　Afisha杂志版式设计

图5-82　国外优秀版式设计

图5-83　国外优秀版式设计

图5-84　Indruk杂志设计

意它们的主次关系，确定对比的主体和陪衬元素，使版式语言更明确清晰（图5-84）。

（2）调和

实现调和主要依靠对比因素的加强或减弱，调和是把各对比因素协调统一、使之趋向缓和，形成和谐的画面。调和是版式设计中十分重要的设计手段。在众多造型语言中，要强调主要造型因素在版式中的地位，淡化次要造型，使画面统一而生动（图5-85）。

3. 节奏与韵律

音乐之所以能够打动人心，是因为它具有强烈的感染力，而形式法则中的节奏与韵律也是来自于音乐的概念，在版式设计中，节奏是指有规律性变化的排列方式，而韵律则是指均匀的版式结构。

（1）节奏

在日常生活中，除了音乐外，我们还能接触到许多有节奏感的事

图5-85　ECLECTICA杂志版式设计

图5-86　99U Quarterly杂志版式设计

图5-87　99U Quarterly杂志版式设计

物，比如火车的声音、心跳的律动等，而版式的节奏法则也是来源于这些细节。在版式设计中，将视觉要素进行规则化的排列，利用布局上的强弱变化，使画面整体呈现出舒缓有致的节奏感（图5-86）。

（2）韵律

通过在版式中重复使用相同形态的视觉要素，可以使画面产生韵律感。重复的对象可以是某个简单的图形，也可以是某个动作，通过重复构成来强调版式的规律性。一方面使画面呈现出韵律感十足的艺术效果，另一方面则加强了版式对主题的塑造（图5-87）。

4. 变化与统一

变化与统一是形式美的基本法则之一，它们在版式中发挥着不同性质的作用。前者的特色在于通过改变编排结构，赋予版式生命力。后者的特色在于利用规整的组合，以避免版式整体显得杂乱无章。

（1）变化

变化是一种创作力的具体表现，主要通过强调物象的差异性来使版式产生冲击性。变化法则大致被分为两种，一是整体变化，二是局部变化。整体变化是指采用对比的排列方式，通过使版式形成视觉上的跳跃感，来突出画面的个性化效果。而局部变化则是以版面的细节区域为编排对象。在实际的设计过程中，利用局部与整体间的差异性，使版式结构发生变化，同时带给观赏者深刻的视觉印象（图5-88）。

（2）统一

统一可以理解为版式中图形与文字在内容上的逻辑关联，以及图形外貌与版式整体在风格上要保持一致性。根据画面主题的需要，选择与之相对应的文字与图形，通过表现形式与主题内容的高度统一，使画面准确地传达出相关信息（图5-89）。

5. 虚实与留白

虚实与留白是进行版式设计时所要遵守的形式法则之一。在版式设计中，恰当使用留白与虚实法则，通过要素间真实与虚拟的对比效果来烘托主题，同时赋予版面以层次感。

（1）虚实

简单来讲，版式中的虚实关系就是指视觉要素间模糊与清晰的区

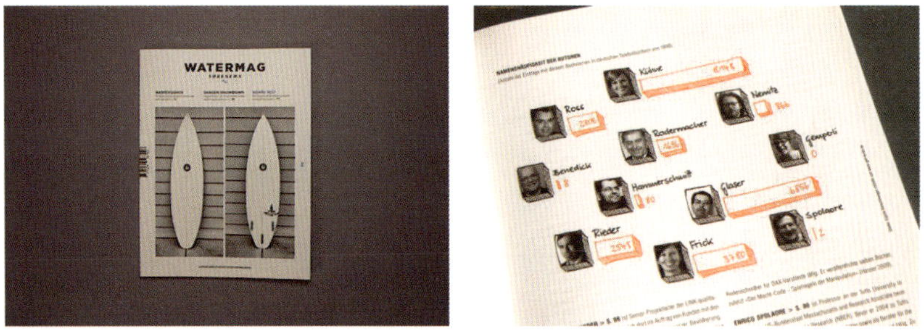

图5-88　冲浪杂志Watermag surfnews版式设计

别。在进行版式编排的过程中，刻意地将与主题无直接联系的要素进行虚化处理，使其达到模糊的视觉效果。与此同时，将主体物进行实体化处理，从而与虚拟的部分形成鲜明的视觉对比。

“虚”是指版面中的辅助元素，比如虚化的图形、文字或色彩，它们存在的意义在于衬托主体物。“实”是指版面中的主体元素，如那些给人以真实感的视觉要素。在版式中，“虚”与“实”是相辅相成的，可以利用它们的这种关系来渲染版式氛围，从而突出画面的重点（图5-90）。

（2）留白

留白法分为两种，一种是大面积留白，另一种是小面积留白，两者在表现形式与视觉效果上都存在着差异性。所谓大面积留白，是指版式中的留白部分在空间中所占的比例大于其他视觉要素（比如文字、图形等），利用该表现手法来打造空旷的背景画面，不仅为观赏者提供了舒适的浏览环境，同时还使版式整体显得格外大气（图5-91）。

小面积的留白则是指留白空间在版面中所占的面积比其他视觉要素要小很多，从而构成一个相对拥挤的版式结构。如此一来，不仅加强了版式的表现力，同时带给观赏者以紧张、热闹的视觉印象（图5-92）。

6. 秩序与单纯

在版式设计中，秩序与单纯是一对概念相近的形式法则，它们的相同点在于，都是利用极具条理性的布局结构来阐明版面主题。当然秩序与单纯也存在着差异性，如前者以版式结构的严谨感为排列原则，而后者讲究的是画面整体的视觉氛围。

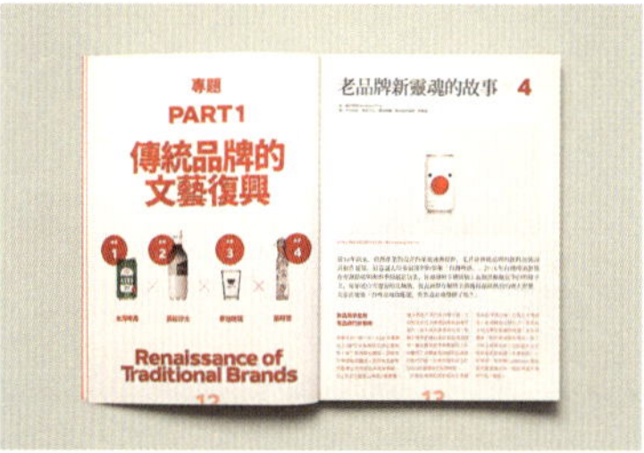

图5-89 《本事》杂志版式设计

图5-90 Inquiringmind杂志精品版式设计

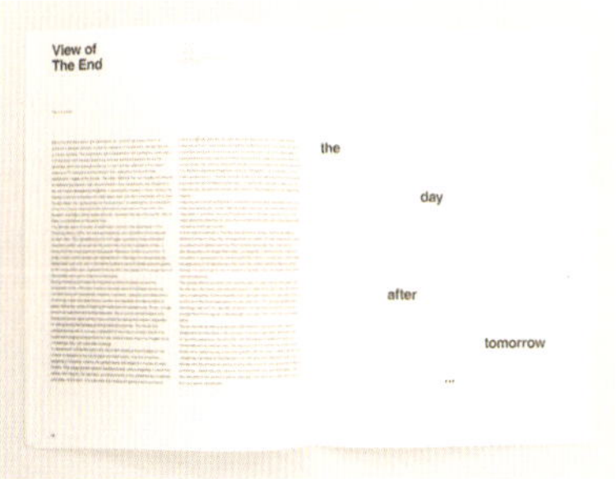

图5-91 Archphoto杂志版式设计

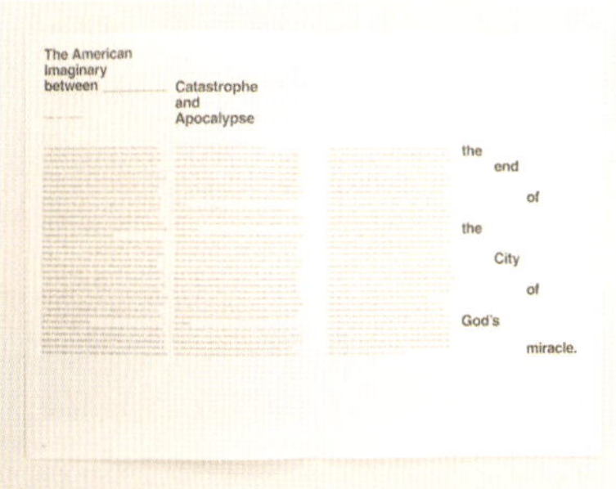

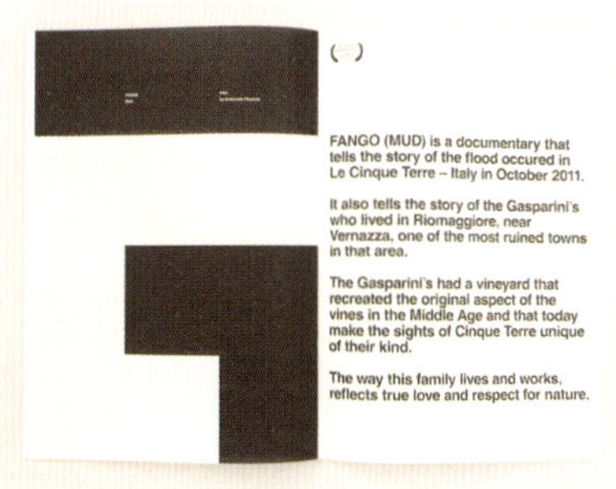

图5-92 Archphoto杂志版式设计

图5-93　Repeat杂志版式设计

图5-94　LQ杂志版式设计

（1）秩序

在版式设计中，将画面中的视觉要素按照规定的方式进行排列，从而打造出具有完整性与秩序性的版式效果。该形式法则不仅具备严谨的编排结构，此外，其规律化的排列形式还能使版面表现具有针对性（图5-93）。

（2）单纯

在平面构成中，单纯具有两层含义，一是指视觉要素的简练感，二是指编排结构的简约性。综上所述，单纯即是简化物象的结构，从而增强该物象在视觉上的表现力。采用单纯的版式结构，不仅有利于人们理解版面的主题信息，同时还能加强观赏者的记忆（图5-94）。

三、网格

1. 基本网格

一套良好的网格结构可以帮助设计师明确设计风格，排除设计中随意编排的可能，使版式统一规整。

在版式设计中，网格的建立可以利用版式中构成元素的比例关系，图中（图5-95）所举的实例为德国字体设计师简安・特科尔德设计的经典网格版式，整张纸的长宽比为2:3。蓝色高度a与页面宽度b是相同，顶部和装订线周围的留白为版面的1/9，整页的两条对角线与单页对角线相交形成c和d两点，过d向顶部页边做垂线形成交点e，连接c、e两点与单页对角线相交形成的点f是整个正文版面的一个定位点。

运用单元格创建网格是另一种建立网格的方式。它是指在分割页面时采用8:13的黄金比例，即裴波那契数列比例关系。如图所示（图5-96），版面由30×45的单元格构成，外边缘有8个单元格的留白，有5个单元格的留白在内边缘处，而底部则为13个单元格的留白，以此来

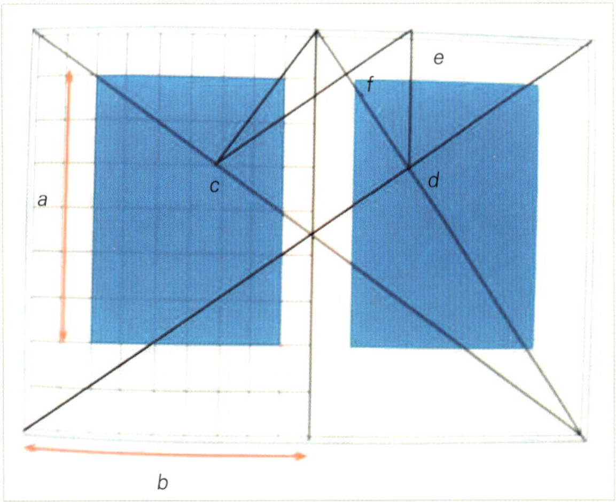

图5-95　经典网格版式

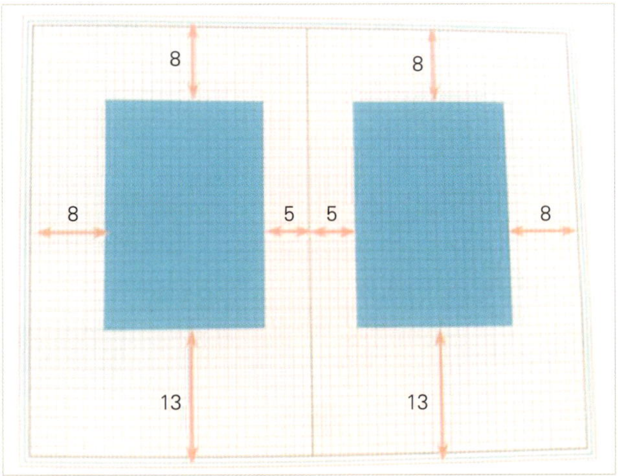

图5-96　运用单元格创建网格

决定正文区域的大小，使版面宽度与高度达到视觉上的连贯和谐。

2. 分栏网格

分栏网格分为单栏式网格、双栏式网格和多栏式网格。

单栏式网格，是指将连续页面中左右两部分的印刷文字进行一栏式的排放。单栏式网格的排列形式使版面显得简洁、单纯，一通到底的版面效果直观而务实，因此多被用于说明性书籍与文学书籍的编排（图5-97）。

双栏式网格多被用于杂志页面中，适合信息文字较多的版面，能使版面具有较强的活跃性，同时让页面显得更为饱满，避免文字过多而造成视觉混乱。采用双栏式网格进行版式的编排设计，可以让版面结构显得更为规则整齐（图5-98）。

多栏式网格是指3栏及以上更多栏编排的网格形式。根据不同版面的需要，可以将网格设计成需要的样式，具体栏数依据实际情况而定。多栏式网格适用于编排一些有相关性的段落文字和表格形式的文字，它能够使版面呈现出丰富多样的效果。而无论采用哪种形式的栏式网格，都能使版面表现出更为良好的秩序感及平衡感，让人们在阅读时更为流畅（图5-99）。

3. 模块网格

模块网格结构属于比较基础的常用形式，其编排组合较为简洁、单纯，通常是指将版面中的左右页面划分成不同大小的模块形式，使其呈现出对称或不对称的状态。通过模块网格的页面构成，有效地赋予版面更多的灵活和生气，以对比变化的形式积极吸引人们的关注，营造出独特的版面效果（图5-100）。

4. 成角网格

成角网格是版式设计中经常被应用到的一种结构形式，只是成角式网格的设置较之前面的几种网格形式更为复杂。成角式网格的角度可

图5-97　Hybride杂志版式设计

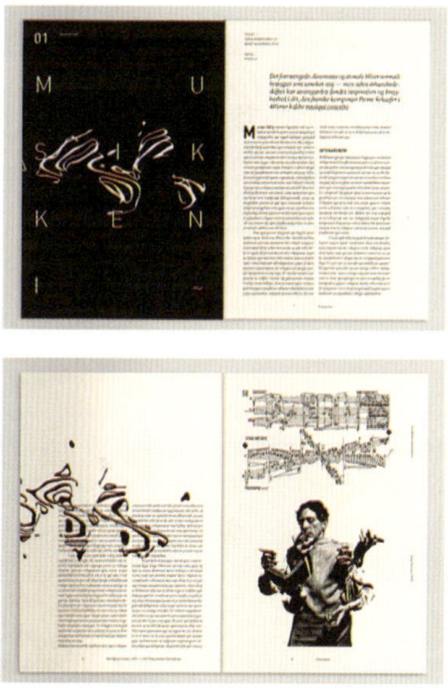

图5-98　GEIGER杂志版式设计

图5-99　RA Magazine杂志设计

图5-100　Page.杂志时尚版式设计

图5-101　字体海报版式设计

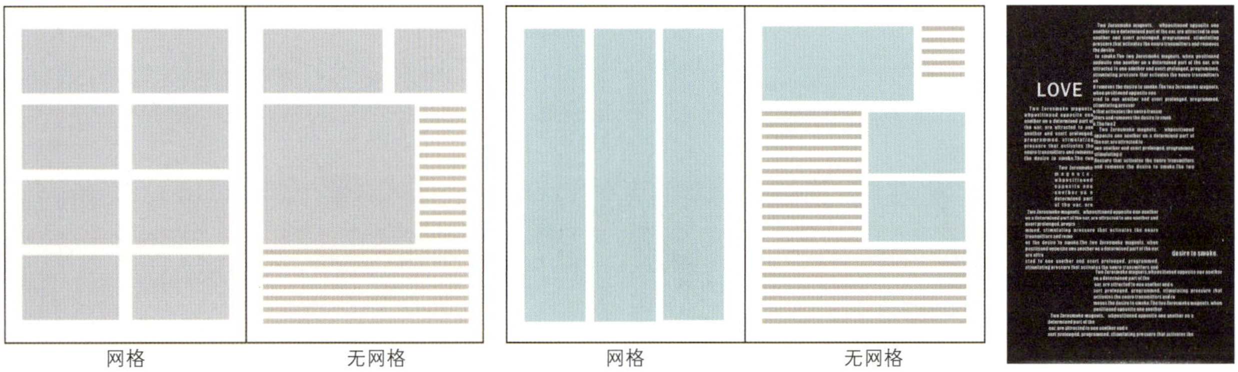

图5-102　突破网格版式设计

以被设置成任何数值，但要注意保持页面的整体美观度及可读性。在表现创意的同时能够有效地传递相关信息。

在设计成角网格的角度时，需要考虑多方面的相关因素，例如图片的大小比例、字体的编排设计和人们的阅读习惯等。只有合理地安排成角式网格的角度，才能起到积极的表现作用。根据版面的阅读性特征进行成角式网格设计，使版面结构在最大限度上与阅读习惯相统一，从而有利于人们对信息的关注。

成角式网格在通常情况下只会选择两个角度进行倾斜，以避免造成版式的过于混乱，且不利于人们进行阅读。成角式网格在页面中的应用使版式效果更为灵活多样、错落有致，在体现其独特创意的同时又能清晰展现出版式的层次结构（图5-101）。

5. 突破网格

突破网格的约束使版式设计更具有自由性。如图中（图5-102），整个版面采用网格与无网格的对比形式进行版面编排。从版面文字的编排看，版面虽然没有网格的结构，但是可以看出在版面中，文字编排整齐具有规律性。文字采用中对齐的文字块形式，在没有网格结构的情况下仍然能清晰地传达信息，使整个版面层次结构清晰可见，体现了不规则单元格的编排形式。

– 补充要点 –

网格的作用

网格作为版式设计中的重要构成元素，能够有效地强调出版面的比例感和秩序感，使作品页面呈现出更为规整、清晰的效果，让版面信息的可读性得以明显提升。在版式设计中，网格结构的运用就是为了赋予版面明确的结构，达到稳定页面的目的，从而体现出理性的视觉效果，给人以更可信赖的感觉。

课后练习

1. 设计一杂志的内页版式。要求：采用以文字为主、分栏网格式设计。
2. 设计一精装书籍的内页版式。要求：内容、开本自定，内页的版式采用图文混排的形式。
3. 了解格式塔心理学。
4. 理解并掌握视觉流程的规律。
5. 掌握字体、字号、创意字体、插图、图标等在版式中的使用方法。
6. 重点掌握图文混排版面的形式美法则应用。
7. 理解并掌握版式中的网格状编排。

第六章

书籍装帧的创新性设计

PPT课件，请在计算机上阅读

学习难度：★★★☆☆

重点概念：书籍材料语言、书籍形态、概念书籍

章节导读

在当今互联网时代，书籍作为大众信息传播的媒体，每年的销售量仍旧持续增长，书籍并未失去自身的特质和魅力，依旧发挥着信息传播的功能。如何采用新的传播思路和设计语言，让受众来选择书籍并乐意接受视觉化信息传达的全新感受，是我们对于书籍装帧艺术不断探索、大胆创新的终极目标。观念和科技使人们打开了思考和设计的新思路，书籍装帧的探索与创新应该是从内到外、多层次、全方位地探索书籍的本质功能，一大批具有创新理念的设计师开始致力于寻找书籍装帧创新性设计的新突破。

第一节　书籍设计的材料创新

设计来源于生活，也推动着人们的生活品质不断发展。在书籍设计中，材料对于书籍装帧设计十分重要，不同的材料，会产生不同的效果。书籍装帧设计能选用的材料极为丰富。目前各类不同材质的书籍层出不穷，精品书籍设计也越来越多，而在这些设计中都注重了书籍内容与书籍材料结合的细节，使得书籍整体极富品位。

一、书籍材料语言的重要性

每本成品书籍，都经过书籍设计者的筹划，评价一本书的价值一方面是书籍内容要有知识性、受益性、内在性，另外一方面还要看它的形式美、外在美。两者相辅相成，相得益彰。要想书籍具有形式美，材料的选用就要合理、新颖，这样才能使读者感到赏心悦目，才能增加读者的阅读兴趣。随着人们对书籍的审美需求更加多样化，现代书籍艺术更要利用新材料、新工艺来丰富、提升书籍设计的美感。

我国古代对于“书籍设计”非常讲究，在材料的选择和制作工艺方面极其认真。因此我国现代的书籍设计深受中国传统文化底蕴的影响，蕴涵着神秘的东方文化气息。书籍设计是通过形式、材料、色彩、字

体等揭示书的内容，并赋予其一定的艺术感染力，以此来增加读者的阅读兴趣，帮助读者理解书籍的内容。即通过书籍的物质形态，体会到书籍内在的精神气质和美感。

二、纸类材料的创新

近年来，特种纸张迅猛发展，出现了各种不同质感、肌理、色彩的纸，特殊纸张是指具有特殊用途的、产量比较小的纸张。特种纸的种类繁多，主要有手揉纸（效果如同将纸揉皱）、云龙纸（效果如丝绸）、云彩纸（犹如云彩般的暗纹）、彩烙纸（表面有丝丝白色纤维）等，另外还有硫酸纸、铝箔纸、全息纸、丽芙、超感、热熔、岩纹、云纹、卡昆、纤维纸、植绒纸等。由于特殊纸张表面大多有特殊的纹理，大部分特种纸本身带有色彩，所以，设计者要根据需求谨慎选择，在应用时要考虑到特殊纸张的各个因素，熟悉特种纸的性能，并结合特种印刷工艺，根据其不同特性，这样才会把特殊纸张的个性表现得完美无缺，做成的书籍也会呈现出不同的感受。

特种纸材料在现实应用中也有局限因素。总的来讲，特种纸在市场上的销售不够理想，究其原因主要有以下几点。一是特殊承印物的价格偏贵，出版社为了降低书籍成本，不愿意使用价格偏贵的特种纸印刷。二是设计师缺乏对特殊承印材料的足够认识，对每种材料的物理属性、印刷效果及所呈现的文化的认识不够，不能系统地将设计创意与纸张设计、印刷设计连贯起来思考，不能正确运筹纸张的开度、克度、粗细纹路及纸质色素，以致出来的成品与起初构想的设计效果相去甚远。设计师费尽心机，最后拿出来的成品，没有达到预期效果，使客户对特种材料的认同一落千丈。三是我国印刷技术人员技术不够熟练，有很先进的印刷机器设备，很好的印刷条件、环境和印刷材料，但无印刷特种纸的经验，部分印刷厂错误地认为印刷特种材料费时、费力、费工序，既容易出问题又无经济效益，采取回避态度，因而严重挫伤了设计师创新求变的积极性。

三、非纸类材料的创新

书籍设计的发展史是一部材料与制作工艺的演变史。现代书籍设计中，不同的材料会给人以不同的视觉和触觉感受，每种材料都有其自身的特点，只有掌握了材料的性能特点，才能通过材料展现出书籍设计的内涵。自然界存在着无数种可用材料，这些材料有着不同的特性，设计者开发出了更多元化的书籍设计材料，使书籍设计不再仅局限在纸质材料上，更多不同的材料开始应用于书籍的装帧设计之中，出现了一些皮革、麻布、金属、木材、织物等材料的综合应用。

新材料及传统材料的正确使用，为书籍设计开拓了更为广阔的空间。这些新材料带来的强烈视觉冲击力，为现代的书籍设计提供了多样化的空间。例如，大量的纤维织物材料开始作为纸张的补充而被创造性的应用。纤维织物包括稠密的棉、麻、绢、布、人造纤维，也包括光滑的天鹅绒、涤纶等。这些材料原本不是为制作书籍发明的，但可为书籍的设计所利用。可见熟练地掌握各种材料的特性，将其有机地结合起来，并加以应用，也能给书籍带来多样的视觉效果。

书籍材料作为传达设计内容信息的一种手段，在书籍设计中，应强调运用材料思维，材料的选择必须在书籍整体设计的要求之下根据具体内容而定。合理选择、利用材料，通过印刷、装订等加工过程，使之成为完整的书籍，如此才能真正体现出材料的应用价值，为书籍设计的创新提供更多可能性。不同的材料组合在一起，可丰富书籍的视觉效果，给读者带来不同的阅读感受。另外，也应客观地看待新材料，既不可盲目堆积、滥用新材料，片面地追求“独特”，也不可忽视传统材料的价值。应融合艺术美、材质美和技术美，使书籍设计达到神形兼备的效果，给读者创造愉悦的阅读感受。

如今，很多书籍设计师试图拓展书籍设计的边界，将不同的材料和媒介融入设计之中。设计师朱赢椿的《虫子书》就是其中具有代表性的作品。动物成为书籍设计中的特殊材料，书中出现的图形，实际都是虫子在纸面和树叶上爬行留下的痕迹。这些图形无法辨认具体内容，却宛若文字、山水或是风云的变化，引发人们无尽的想象。在这本书中，朱赢椿的职

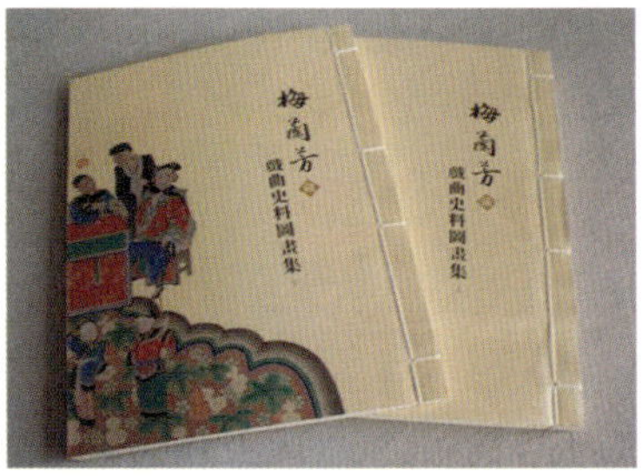

图6-1 《梅兰芳藏戏曲史料图画集》

图6-2 《梅兰芳藏戏曲史料图画集》

图6-3 集子中的人物

图6-4 集子中的人物

责并不仅是书籍设计师，更是一位细心整理者和主动的创作者。

我们不能只直观地感受和简单地运用材料，而要对材料的固有属性、功能和价值加以深层的认识和把握，做到从材料角度构思，善于发现材质美，利用材质美，根据书籍的内涵，融艺术设计与材料表现为一体。例如《梅兰芳藏戏曲史料图画集》的设计（图6-1）。集子中所收的戏曲、脸谱图画都是梅兰芳纪念馆现存“缀玉轩”珍藏图画、脸谱的原件复制，图谱原件是梅兰芳20世纪20年代末30年代初向北平国剧学会提供的个人藏品（图6-2）。为了真实再现图画和脸谱，书籍纸材选择了宣纸作为印刷承印物，结合先进的印刷技术和设计人精益求精的艺术精神，将集子中的戏曲脸谱、戏画、戏曲人物近乎原貌地再现出来。宣纸的细腻质感，也传递出浓厚的中国传统韵味（图6-3、图6-4），因此，将材料作为整体设计的一部分，有时能给设计带来无可比拟的视觉感受，达到事半功倍的效果。此书成为2003年度“世界最美的书”评选中国出版社唯一获金奖的作品。

在书籍设计中还要将视觉图像与材料的美感联系在一起。书籍设计师的设计步骤一般是，先设计书籍装帧的视觉图像，然后根据追求的效果选择承印材料。也可以先选择能有效表达内容的承印材料，然后根据材料质地来考虑书籍视觉图像的设计，充分发挥和调动承印材料本身的质感和魅力，让材料的美感成为设计的亮点。在选择承印材料时，我们应运用材料语言拓展设计思路，不拘于形式，视设计所需，勇于尝试新的材料，勇于选用特种纸和特种材料，如皮革、纺织品、木、竹等（图6-5至图6-7）。

洪卫、潘焰荣在构思《无器：麻汇源陶瓷作品集》的设计时，别出心裁。封面设计大胆新颖，采用了洁白光亮如陶瓷的非传统装帧材料，模切成方形瓷砖的效果，上面空无一字，非常引人注目（图6-8）。封面上的方形格子，与整本书的网格系统相呼应。内页设计中采用了多种光面书纸和糙面书纸混合应用，针对不同的内容选用不同的材质，分页穿插有色纸，使阅读更有层次。由此可见，对材料恰到好处的应用，不仅能增加书籍的质感和触感，使读者对书籍的整体印象得到提升，还可以激发阅读的兴趣，使读者体会到阅读的愉悦感。

材料本身带来的质感、空间和肌理会第一时间吸引读者。纸张的纹路色彩和肌理效果所表达出的情绪和情感，与画龙点睛的简单设计一起，可以达到既简洁又美观的艺术效果，还能达到节约印费的目的。

书籍设计的繁荣与多元化与印刷工艺的不断进步有着密不可分的关系。在当代，书籍承印材料愈益丰富，印刷技术日新月异，不仅为专业设计师制作出更多更精美的书籍提供了技术上的可能性，同时也促使书籍设计者扩展设计思路，把实用、经济及审美有机地联系起来，为当代书籍的艺术表现竭尽所能。

- 补充要点 -

纸张的白度和光泽度对印刷质量的影响

纸张是印刷书籍的承印材料，白度高，印刷图像表现的色彩明朗，阶调层次反差也显得强烈，立体感强；反之，印刷图像所表现的色彩和阶调层次也就灰平，反差不足缺乏立体感。

光泽度反映了纸张光泽和印刷品光泽的高低，也反映了纸张表面显示影像的能力。印刷品光泽度均随着纸张本身光泽度的提高而提高。

图6-5 创意木制材料书籍封面

图6-6 纺织品书籍封面

图6-7 封面细节图

图6-8 《无器：麻汇源陶瓷作品集》封面设计

第二节 书籍设计的形态创新

我国的书籍发展历史悠久，在两千多年的书籍发展历史演变中表现出多种多样的形态。现在的人们阅读已不再满足对单纯的文字的阅读，所以就要求书籍设计者在书籍设计中有创新、有发展。

书籍装帧的形态美是书籍艺术性的外在视觉表现，也是书籍装帧设计的重要任务。通常设计者在了解书籍内容以后，从内容出发把握书籍的形态特征，从而提高书籍形态的认可性、可视性、可读性、审美性，以形态承载书籍的内涵。当今社会，书籍装帧设计中书籍形态的创新是书籍装帧设计发展到现代的一个突破方向。

一、新的媒介发展促进书籍形态的创新

新的媒介包括数字化媒介和电脑网络媒介。数字化媒介包括桌面上的个人计算机、手持数字设备、专业阅览器等媒介。其中以专业的电子

书籍阅览器最为常用。电子书籍阅览器是一种采用 LCD、电子纸为显示屏幕的新式数字阅读器，可以阅读网上绝大部分格式的电子书，例如 PDF、CHM 和TXT 等（图6–9、图6–10）。不过现在的电子阅览器越来越多的采用的是电子纸技术，提供类似于纸张阅读感受的电子阅读产品。

电脑网络媒介是人们信息交流使用的工具，是一个新兴的媒介工具，功能越来越多，内容也越来越丰富。网络媒介可以实现信息资源的共享，会借助文字阅读、图片查看、影音播放、下载传输、游戏聊天等软件工具从文字、图片、声音、视频等方面给人们带来极其丰富和美好的使用及视觉享受。

新的数字化媒介和电脑媒介对人们生活的渗透和嵌入意味着读图时代的来临。现在国内很多纸质媒介也在探索、转型，寻找新的发展道路。新兴媒介不同于纸质媒介，有着许多无法取代的优点。电子阅览器方便携带，体积较小，储存量大，可以同时储存成千上万的书籍、资料、信息，使学习知识、检索信息更加方便。但是也有一定的缺点，比如价格比传统书贵；LCD 屏幕由于不断刷新会造成眼睛疲劳。因此，纸质媒介与现代技术的结合，将成为新媒介及传统媒介下一步发展的新方向（图6–11）。

图6–9　新型电子阅读器

图6–10　iPad电子阅读器

图6–11　电子纸技术的阅读器

图6–12　皮革材质书籍

二、特殊材料的运用促进书籍形态的创新

材料化是现代书籍设计的显著特点。今天书籍设计的材质不再只局限于纸张，还有纤维纺织品、皮革、木材、塑料、玻璃等。各种材质的肌理、色彩质感散发着不同的艺术气息（图6–12至图6–15）。这些特殊材料的运用将赋予书籍一种特有的气质，它们在书籍中起着三方面的作用。

1. 特殊材料的运用增强了读者阅读时的新鲜感

材质不同质感也就不同，质感多指某物品的材质和质量给人的感受，是视觉或触觉对不同物态特质的感觉。生活中大部分读者对传统纸质书籍已经产生厌倦感，当新的材质出现在眼前时，首先会被材质的美感所吸引，增加阅读的新奇感，同时促进销售。

2. 书籍的材质不同功能就不同

针对不同年龄段的读者在书籍材料的选择上应该有所区别。成年人的书籍采用纸质材料没问题，但是儿童书籍应该在此基础上进行创新和改进。例如幼儿是儿童的早期阶段，这个时期的孩子在看书的过程中喜欢撕扯书页，对页面的信息量要求是次要的，而安全性则是主要问题，所以布面材料成为这类书籍的较好选择（图6–16至图6–18）。书籍可以采用各种颜色的布组成，里面的插画可以做成半立体的生动形象。布质地柔软而舒适，耐撕扯性和安全性高，是儿童书籍材质的较好选择。针对不同读者的书籍选择不同材质是设计师人文关怀的直接体现。

图6-13　皮革材质书籍

图6-14　木质材料书籍

图6-15　纺织品材质书籍

3. 特殊材质的书籍可以使读者从书籍外在的形式上感受到内容主题所传达出的意境

例如关于佛教文化类的书籍可以适当选择木质材料，这样可以更好地诠释佛教意境，而在古典名著、诗经中采用木质材料则可以传递古香古色的文学气息。书籍的形式从属于书籍的内容，但不能完全真实地展现内容，想在有限的画面上表达整本书的思想难以做到，因为它受到一定空间的限制，书籍装帧设计的难度也就在于此，但以准确的材质表现去诠释深刻的内涵却是今天的设计师可以做到的。

图6-16　儿童布书

三、新的设计观念促进书籍形态的创新

概念书籍设计是现代人对书籍设计提出的一种新的设计观念，概念书籍的出现是对未来书籍装帧设计的一种探索。概念书籍是指设计书籍时采用一些概念型的材料、工艺、形式等进行创作，使书籍的外观及所表达的含义更有深意。概念书强调视觉艺术，目的是启发积极的创新性思想及思维意识（图6–19）。概念书的设计不是凭空产生的，它是伴随着现代设计而产生的，是书籍装帧设计的新形态，能激发设计师更加努力地探索书籍艺术形态和结构形式美，使书籍装帧设计保持创新的特征。概念书籍的特征主要表现在材料工艺、外部形态及表现技法三个方面。概念书所能使用的材质新颖、独特、多样，任何和主题概念相关的材料都可以应用到书籍装帧设计上（图6–20）。因此概念书籍是被视觉化的作品，其材料结构就是它的内容。阅读这类视觉性的概念书籍能唤起读者对材料、结构的感知力。

图6–17　具有功能的儿童布书

概念书的外部形态不同于传统书籍，外部形态的创新、突破是概念书籍最典型的特征。概念书的外观形态往往打破传统书籍的六面体形态，圆形、多边形、立体形态可以在视觉上带来新鲜感，增加趣味性（图6–21至图6–23）。

图6–18　儿童布书

图6-19　具有视觉效果的概念书籍

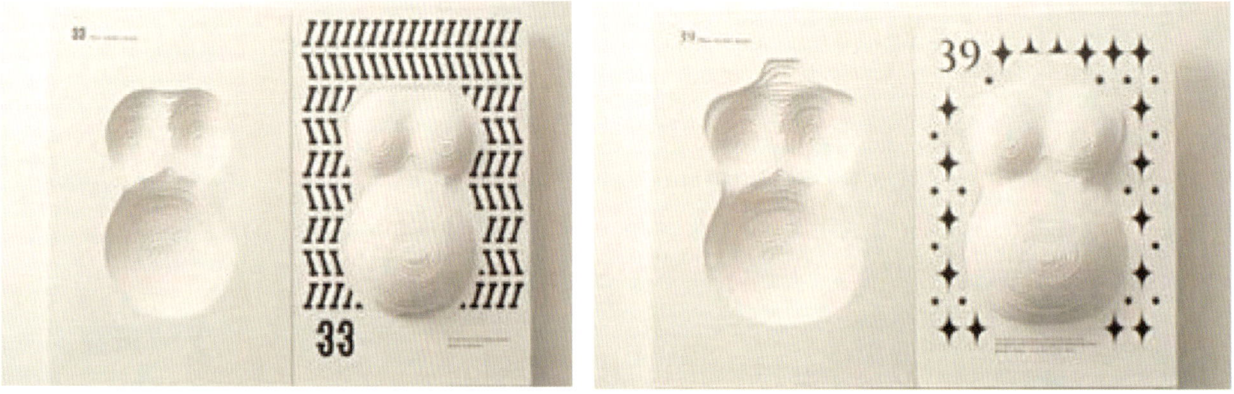

图6-20　以孕妈妈40周孕期为灵感的概念书籍设计

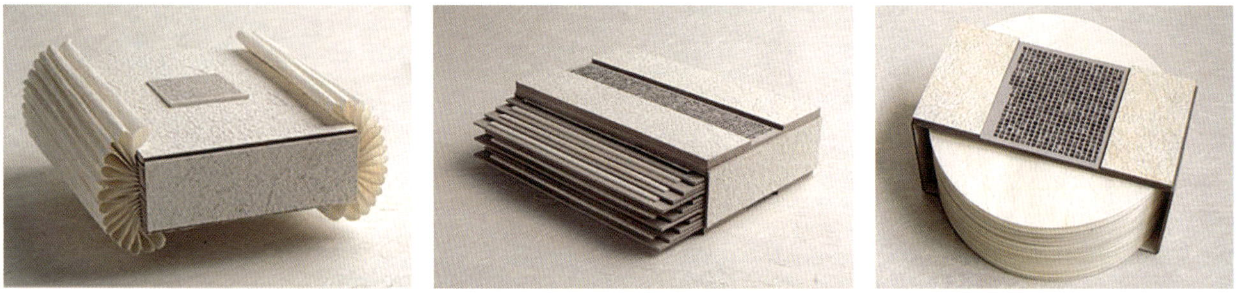

图6-21　外观形态创新的概念书籍

图6-22　立体状态的概念书籍

图6-23　书籍内容可以立体的概念书籍

书籍形态的创新不能仅仅停留在表面、外形，而应更多地从书籍的内涵出发，做到形式与内涵的完美统一。

- 补充要点 -

概念儿童书籍

概念儿童书籍不仅满足了阅读，同时还具有使用功能，充当了儿童玩具，而且概念儿童书籍也充满了互动性，其形态不一定是现代流行的纸质立体书，也有称之为Movable Book的可动书，它跳出了平面书的限制范围，创造了三度立体的空间，不仅可以让读者动手去玩，还可以让读者用眼睛去探索、去发现。

第三节　书籍动态设计的多层次性

书籍的多层次形态决定了装帧设计的多层次性，这是书籍装帧艺术区别于其他造型艺术的一个显著特征。通俗地讲，书是供人一页页翻看的，在翻动中展示着动态的多层次的美。这就决定了书籍多层次性的设计要求。这种多层次性的设计由表及里、层层深入，要求设计者把精美的封面、勒口、内封、环衬、扉页、每页正文直至封底，依次在动态中展现在人们眼前（图6-24至图6-26）。在书籍中，层与层之间疏密的对比与和谐关系，图像符号的变化呼应关系，封面、环衬、扉页之间的色彩、节奏关系，使书籍层与层在动态中展现出无限的魅力。

一、多侧面性

在对书籍装帧进行设计时，人们关注的是书籍本身的形态设计。所以，应该端正认识，侧重书籍整体的设计。比如，可以基于整体，辐射到书籍的各个侧面——封面与字体、图形色彩、内容等方面都应从表及里、逐步深入地去设计，以便实现视觉上的创造美。所以，身为书籍的装帧设计师一定要对书籍多个侧面进行把握与设计，既要照顾到书籍的整体，又要顾及其不同的侧面，然后将它们巧妙地有机融合起来，犹如罗丹的雕像一样，任凭大众从不同的角度去欣赏它，它始终展现给我们的是立体与连贯的姿态（图6-27）。

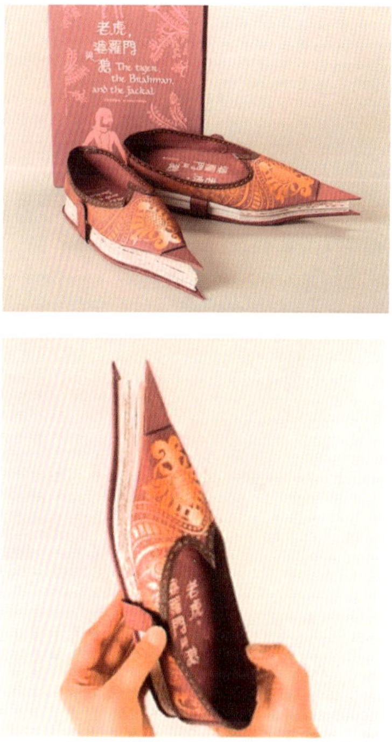

图6-24　书籍整体效果

图6-25 书籍内页展示

图6-26 书籍动态展示

图6-27 书籍的整体设计

二、多距离视点

就同一个物体来说，人类在视觉上的感受是有远近之分的。所以，在书架中一本优秀的书籍一定可以使人们对其远观的时候就能够吸引读者注意力，同时还可以让近观者有独特的视觉感受。这就要求我们的书籍装帧设计师必须针对远、中、近三种视觉效果作出科学的考量和设计，尽量让书籍呈现出完美造型。采用大、中、小号不同的字号在书籍装帧设计当中可以达到独特、新颖的视觉效果。并且，当读者和书籍的距离产生变化的时候，也应该注意尽量让读者在视觉方面产生不同视觉美的效果。其实书籍的封面色彩设计是十分重要的，是人们步入书店的时候第一映入眼帘的视觉信息（图6-28）。此外，书籍封

图6-28 具有超强视觉色彩的封面设计

图6-29　书籍封面字体设计

面字体的行间距设置也有不可忽视的作用，其可以带给相对近距离的浏览者舒适感（图6-29）。

三、视觉连续性

所谓视觉连续性是指在对书籍的欣赏过程中，让读者的感觉可以延伸。在这一感觉之后依然保持衔接的动态性。人们的视觉感受具有不满足的特点，驱使其去看当前无法看到的内容。书籍一旦有三维立体的动态空间的感觉，就可以给其一种整体、全面的视觉感觉。所以，设计师要将书籍的装帧设计看作一个整体、一个衔接性的活动。唯独将书籍的每一个部分当作可结合的、相联系的整体来看待，才能掌控书籍的三维立体感。

四、视觉时间性

人们的视觉在一开始时往往只能感知某个不清晰的整体面貌，之后才能慢慢注意细微部分。书籍中动态的视觉时间性正是在这样一个认识选择重点的不同中所形成的。人们“阅读书籍”这一活动是运动的，是有时间性的。从第一次翻开书本开始，到所有内容的品读，所有翻阅书籍的动作都是伴着时间后退而进行的审美活动。设计师要在书籍中设计好文字和图片的繁和简、详和略、前和后，积极引导读者把视线往后推移，让其对书籍的浏览过程变成一个享受和审美过程。

在今天，书籍装帧艺术的动态设计可以相对直接地影响到书籍装帧设计的先进性。所以，应该构建起一种正确的、科学合理的书籍装帧动态设计的理念，灵活巧妙地运用书籍装帧动态设计的技巧，唯有如此，才能让书籍装帧艺术的美感全面展现出来，使我国的书籍装帧设计艺术走向新的高峰。

－ 补充要点 －

图形在书籍视觉流程中的重要性

在书籍的文字版面中加入图形，立即引起视觉流程的变化，图形的形式、内容的差异、数量的多少，都会影响读者的注意力。我们的祖先就把图形看得很重，在古书中已有“置图于左，置书于右，索像于图，索理于书”的做法，这也说明古人对图形非常看重。

第四节　书籍设计的趣味性

书籍的任务就是要带着对读者的体贴，为他们提供一个方便的入口进去，为读者指引一条阅读的途径。随着书籍在人们日常生活中占据越来越重要的地位，书籍装帧设计也愈发被人们重视，并开始探索出与以往不同的兼有功能性以及趣味性的尝试。人们阅读书籍不单单是要了解信息，更想将它像艺术品一般珍藏。优秀的趣味性需要创造力，创造是一种服务，有趣的东西仿佛让我们呼吸到自由的空气一般舒缓下来，品味原本应该属于我们的乐趣，在此之余，还可以使得书籍本身的内容得到升华。

一、造型的趣味性设计

在现代科技发展的今天，书籍的形态可谓千姿百态，无论是综合材料的运用还是仿生环保材料的应用，形式多种多样，材料与形态相结合的设计更为广泛。如今，很多书籍设计时常采用棉、麻等材料进行书籍装帧，这是基于棉织物具有柔软的特质，同纸张相比较有很好的环保作用，采用棉纤维设计的书籍能够很好地回收利用，所以运用丰富的新型材料和新颖的书籍形态结合来设计书籍会给读者带来新鲜的视觉感受（图6–30）。为了达到形态和内容的统一，很多运用仿生手法设计出的书籍应运而生，如水果形、花瓣形、葫芦形、动物形、人物形等（图6–31）。还有一些可以和读者产生互动的书籍，如拼图书、卡片书、贴纸书、立体书等有趣的书籍。

二、色彩的趣味性设计

在书籍装帧设计中色彩是必不可少的视觉元素之一，它与构图和其他表现语言相比具有更强的视觉冲击力，更能发挥其艺术魅力。同时它又是美化书籍，表现书籍内容的重要元素。

读者对图书的选择可能一开始就被颜色吸引（图6–32），因为这些五彩缤纷的色彩具有强烈的视觉冲击力和感染力。所以，在书籍装帧设计上，设计师可以大胆采用丰富的色彩，色彩可以产生强烈的视觉刺激，有较强的吸引力，让人不由自主地接近这本书。就如（美）艾莉森·古德曼认为“色彩是另一种使设计师能在一幅作品中创造对比效果的相当复杂的工具”。

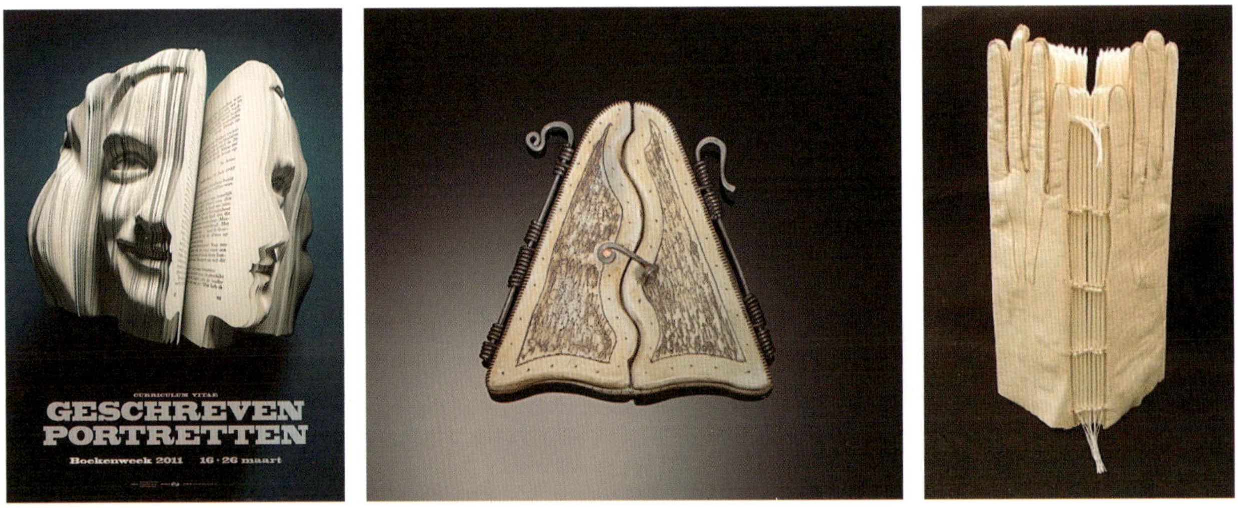

图6–30　新颖外形的书籍设计

图6-31　仿生花瓣形书籍

图6-32　具有色彩感染力的书籍

图6-33　书籍中的插画设计

三、图案的趣味性设计

插画是书籍设计中不可分割的一部分，一幅插画往往胜过千言万语的文字叙述，它能瞬间抓住读者的目光，而且，趣味生动的形象能够瞬间抓住读者的注意力，更容易引起他们的兴趣。在插画的设计中夸张的人物形象、表情往往都是趣味性表现的主要形式，插画家通过大胆的创新，打破常规的思维方式，让生活中不可能发生的情节在画面上表现出来。在书籍中的插画要根据读者求新、求奇的心理需求去设计，同时从读者的角度出发，设计出造型生动、活泼、新颖的插画书籍（图6–33）。

四、结构的趣味性设计

封面、封底、护封、书脊、内页等元素构成了书籍的基本结构。书籍的结构设计分为外部设计和内部设计（图6–34、图6–35），外部形态的结构变化使书籍看起来可爱活泼，在形状上结合书的内容设计成造型特殊的开本，可以满足读者求趣的游戏心理，激发看书的兴趣。

书籍封面主要起着保护书芯的作用，从信息角度来看，封面集中体现了书籍内文的核心信息主题和设计者对书籍艺术风格的选择及书籍内容的提炼。封面就像书的索引，体现书籍内容和艺术价值。书籍封面的信息主要通过图形图像来传递，应用的图形也要使用具象的图形语言，封面风格需适宜明亮、简单优美，通过书籍的视觉语言感受美。

图6-34　结构有趣的书籍设计

图6-35　书籍内部结构设计具有趣味性

图6-36　外观豪华的仿书

图6-37　仿书空盒子作为装饰

五、装饰品与附属品的趣味性设计

前不久推出了一个新概念，出现了只能用来装饰书架的空书。这种SEO产品其实是外观豪华的仿书空盒子，有些甚至是八本或更多的系列“书籍”（图6-36至图6-38）。如今这种假书又有了储物等新功能（图6-39）。但是这种书籍只能看不能翻，虽据说目前已形成热销趋势，但是读书是一种文化，是一种生活方式，不能做假，也不可能急功近利，读者是通过书籍来吸取养分，因此外形美和内在美的珠联璧合，才能产生形神兼备的艺术魅力，从而达到理想效果，使人们爱上读书。所以把握材料的视觉感受和触觉感受，使材料的性格与表达内容统一，具有十分重要的意义，而且具有一定的实验性，其意义已超越书籍构造的本身。

因此，书籍中的装饰品不仅仅是书籍的附属品，它和书融合在一起，能增加书籍的趣味性，可以更好地吸引读者去阅读（图6-40），使读者置身于书的海洋。

六、材质的趣味性设计

1. 纸质

目前市场上95%的图书采用纸质材料印刷，纸质书籍有轻盈、颜色自然、表面细腻光滑、易于保存的特点。例如，孩子使用书籍时不会有意识地爱惜，要选择色彩表现力佳、安全结实、较厚的纸张，如铜版纸和胶版纸。但铜版纸的油墨吸收能力差，为了保护色彩不被磨损和增加封面的韧性，会在印刷后表面粘上一层专用塑料薄膜。设计师为了追求更好的艺术效果，选择特种纸做封面，使得书籍的价格有所增长。大部分普通纸质材料的书籍价格适中，一般的消费者是可以接受的。立体纸质书籍由于工艺复杂、色彩印刷质量高、包装精美，往往价格惊人（图6-41、图6-42）。

图6-38　系列仿书空盒子

图6-39　仿书空盒子的储物功能

图6-40　书籍中装饰性与趣味性并存

图6-41　内页立体的纸质书籍

2. 塑料

塑料由于重量轻，柔韧性好，很适合作为书籍封面的材料。不仅可以选择各种颜色，还能利用彩色油墨印刷、烫电化铝和压凹凸等工艺手段在表面做出各种图案和花纹，艺术效果比纸张更好。由于塑料和纸质书难以结合，除作为精装书的活套书壳外，在一般书籍设计中应用很少。

3. 棉布

如今，儿童书籍装帧的织物材料中常常用到棉织布，由于棉织布质地柔和，韧性和牢固度超过纸张。设计师将它作为学龄前儿童的简单读物材料，可以避免被锋利的书页边缘划伤、将书页撕下误食、被书籍棱角碰伤等状况，而且不需要贴塑料膜保护，可以回收并反复利用，更符合低碳环保的要求（图6-43）。由于材料昂贵、工艺复杂，价格比纸质书籍贵，很难大面积推广，只能少量设计使用。

4. 综合材料

书籍装帧所涉及的材料除了纸张以外还有许多。可用做书籍封面的材料非常丰富。纤维类如棉、绢、丝绒、麻等，其表面纹理、质感朴实、自然。棉布和绢比较适合做传统书籍的封套匣和封面。艺术性较强的书籍可用粗亚麻布做封面。例如，比较典型的卷轴装、包背装、蝴蝶装、线装等书籍装帧形式。

图6-42　特殊立体书籍

图6-43　儿童棉布书籍

－补充要点－

减轻读者的视力疲劳

人的眼睛最大有效视角度左右为160度，上下为65度，最适合眼球肌肉移动的视角度左右为114度，上下为60度。所以，在对书籍进行版式设计时，人的最佳视域应以100mm左右（相当于10.5磅字27个）为宜。有实验表明，行长超过120mm，阅读速度将会降低5%。

第五节　书籍设计的视觉、味觉、触觉、听觉、嗅觉的五感体现

在书籍阅读过程中，读者可触摸到书籍的质感，听到翻书的声音，闻到纸张和油墨的香味，一些电子书也可以听到书的声音。这些作用，共同展现书籍设计的美。书籍设计是一门关于信息传达的系统设计，其功能在于能够恰当地运用理性思维驾驭信息的传达，使信息轻松、合理、自然地传达给受众。

胡愈之说："一本好书，应当是一件完整的艺术品。一本好书，一定是思想内容、文字插图、标点行格、排版样式、封面装帧都是配合得很匀称、很恰当的，书的内容和形式要能求得一致，表达出一本书的独特风格，这样才真正算得一本好书。"所以，好的书籍设计应当是全方位的、符合书籍内容精神的、并能提升其内涵的整体设计。

针对书籍设计的全方位表达与书籍主体内涵的深层发掘，书籍的"五感"理论最早由日本平面设计大师、书籍设计家杉浦康平提出："书的表达需要五感，即视觉、听觉、触觉、嗅觉、味觉。"这"五感"理论对当代书籍设计产生了巨大的影响。杉浦康平的"五感"源于佛教的观点。五感作为人的觉受感官，其对应的五官是人的内在生命与外部世界沟通交流的窗口。由此，可将书籍设计看作对生命的发掘与表达，当一本书具有能够表达生命的力量并且与人类生命产生共鸣时，所产生的力量是巨大而且持久的。他说："书籍五感是设计思考的起始。"即在书籍设计的过程中，设计者不再简单地为了设计而设计，书籍被设计者从各个角度赋予了各种各样的质感。

书籍设计是一门关于信息传达的系统设计，其功能在于能够恰当地运用理性思维驾驭信息的传达，使信息轻松、合理、自然地传达给受众。正如《考工记》所言："天有时，地有气，材有美，工有巧，合其四者然后可以为良"。那些仅有好的材料和工艺，但整体设计缺乏构想的书籍，只会是不协调的拼贴。博尔赫斯曾说"阅读是一种在时代更迭之间显得愈发珍贵的气质"，品味"视、触、听、嗅、味"书之五感的内涵，可以提升阅读的审美气质。

一、书籍设计的视觉体现

视觉，是书籍的形象，是一本书给读者最直接的也是最重要的艺术感受，它伴随着一本书从发现到阅读完毕的全过程。书籍的视觉艺术是一种特殊的艺术表现形式，是对书的主题内容的辅助表达；它通过对材料、工艺技术、图形和图像等元素的整合，体现出内容和艺术性的统一关系，它能够在第一时间通过视觉的传达，给读者形成一种感性的认知，也可以让读者通过仔细阅读，体味到字里行间所流露出的独到匠心，对触觉、听觉、嗅觉、味觉等

感受的效果有推波助澜之效。因此，在设计书籍时，首先要强调其主体性，恰当地表达思想内容。其次，才是彰显书籍的艺术性，以此调动读者的审美情绪。

二、书籍设计的听觉体现

听觉，是由材料和工艺共同唱响的乐曲，在设计中材质的不同与厚薄，以及工艺的差别，都会给我们带来不同的听觉感受。

翻书的过程中是会有声音的。杉浦康平在《从“装帧”到“图书设计”》一文中提出，“翻动书页，纸张会发出声音。字典纸的响声是哗啦哗啦的尖声，而中国古代的宣纸如同积雪发出一种微弱的沙沙声。可以发现各种书籍都有自己独特的声音，用书甚至可以演奏出音乐。”书籍设计者完全可以通对纸张类别、克数、开本、油墨的控制使书本在翻动时发出符合阅读者心理的声音。因此，书籍设计者不仅要把对书籍的思考呈现在书籍封面上，更要把情感代入设计的内容，进而对书籍进行有针对性的设计，最大程度地帮助读者达到独特的阅读体验，使读者能够倾听到书中的声音和作者的心声。

三、书籍设计的嗅觉体现

嗅觉，是指书页翻动间体味到的书卷之香。打开书时，油墨香混合着纸张的气息扑面而来，字里行间，愉悦身心。

书籍是会有气味的，这种气味可能是纸张的气味，也可能是油墨等印刷材料的气味。“书香”的说法自古即有，目前普遍公认的说法是：古人为了防止书籍出现霉变、虫蛀等问题，用樟木制成书箱来存放书籍；或用樟木片、芸香草放在书籍的间隙中（图6-44）。久而久之，当书的主人打开书箱 、翻阅书籍时，就会有一股香气扑面而来 。

这种独特的香味是否给读者带来了某种特殊的阅读体验，进而激发了读者的阅读欲望呢?我想答案是肯定的。从生物学角度而言，化学的芳香分子能够唤起人类大脑的反应，这主要是由于嗅觉器官鼻子和大脑海马区的共同作用。随着印刷工艺的快速发展，现在很多油墨中会添加安全的芳香剂，制成芳香油墨，这样印刷出来的书籍会发出不同的香味，可供选择的香味有水果、花 草、食品等。例如目前在儿童书籍的印刷中，上述芳香油墨得到了广泛使用，深受广大儿童的喜爱。

但是，在除了上述书香气外，在书中还有另外一种需要读者去用心感受的香气。也就是说，完美的书籍设计和内容转化成了一种独特的气味，向读者传递。这种气味使读者超越了上述可以描述的香气，达到了精神世界的更高一个层次，使读者得到了更大的精神满足。

图6-44　古代存放书籍的樟木书箱

四、书籍设计的触觉体现

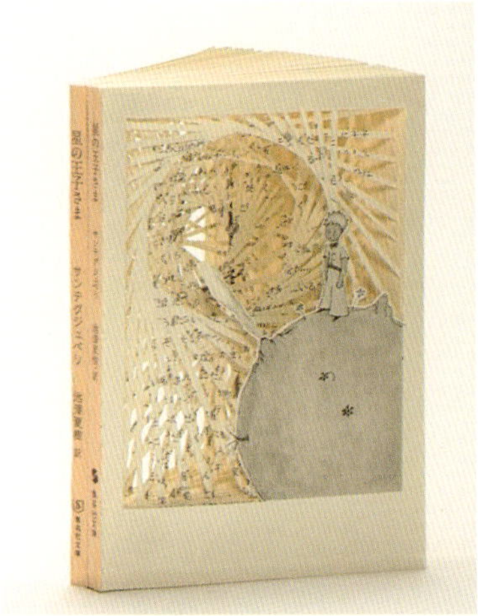

图6-45　镂空书籍

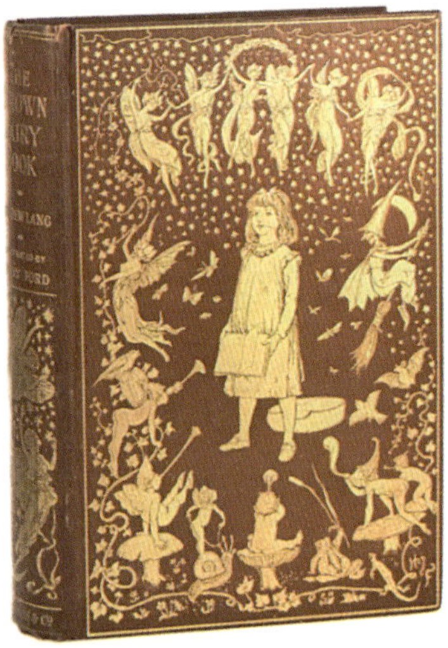

图6-46　烫金书籍

触觉，是人体除了视觉外，第二敏锐的感觉，是读者的肌肤对于一本书的感觉，读者的触觉被书的大小、轻重、材料等多方面因素所影响着。当今时代，随着印刷工艺的不断发展和印刷材料的更新换代，各种新材料、新技术被广泛应用到书籍设计中去，UV、覆膜、烫印、磨砂、镂空等，可谓是日新月异（图6-45、图6-46）。

在书籍设计中，我们需要充分发挥材料与工艺技术的美感，使二者有机地结合起来，从而给读者以最美好的触觉体验。材料的使用在书籍设计中的重要性是毋庸置疑的，它是书籍物质形态的承载体，并以自身的质感表达出强烈的倾向性，诱导读者对图书产生深刻的印象。由于不同的材质、肌理的纸张在读者的抓握与翻阅等碰触过程中，对其心理产生不同的影响，通过眼视、手触等感觉而贯穿阅读与艺术欣赏的全过程，因此，在设计中要重视设计时的材料选择，并合理地应用制作的工艺，使之与书籍内容及整体设计相谐调。不能盲目使用特种纸张，追求豪华的形式，而要着力寻找与书的内涵紧密相关联、与整体风格相协调的材料、工艺和艺术表达形式，恰如其分地反映主题对象的内在精神品格，使作品更具亲和力和感染力，使读者产生亲近感。所以，材料与工艺不只是信息的载体，还具有与读者进行情感交流与沟通的功能。可见，书籍设计的材料与工艺所产生的触觉效果，是书籍设计中需要精心处理的重要部分。当然，激发读者触觉的最高境界决不仅仅是读者拿在手中的书籍的感觉，它更是一种印象与体验，能够激发人们的联想，并产生共鸣。

五、书籍设计的味觉体现

按照欧美完形心理学学派格式塔心理学的观点，视觉、嗅觉、触觉、听觉、味觉是紧密联系，不可分割的，是眼看、耳闻、鼻嗅、手触、心读所共同给读者奉上的“味觉”。单个知觉体验的产生，可以直接导致其他的知觉体验。就如看见一道美味可口的菜肴，嗅到菜肴所散发出的气味时，食客即使没有真正去品尝，也会在心理上对菜肴的味觉做出判断和感受。具体到书本的设计来说，读者在体验上述四感的过程，同样可以在味觉上产生相关的反应。但是，这里的味觉更是一种抽象的感觉，不单是感官上的刺激，它更强调书籍的“品味”，是一种品位感。它既是对书中内容的品味，也是对书籍设计理念的品味，品味书籍设计中的传统文化与现代文化，东方文明与西方文明等不同的精神元素。正如杉浦康平所言“多元与凝聚，东方与西方，过去与未来，传统与现代都不要独舍一端，明白融合的要义，而产生出更具内涵的艺术张力”。书籍设计是一个整体概念，除内容外，它还包括形式、形态、传达方法等诸多设计元素，各种元素相互交融所传达的整体气息，构成书籍的“品味”。一本好书，一定是在上述四感的基础上，升华到让心灵得到陶冶的“品味”的雅境。

书籍五感与纸质书的发展前景显见，视觉、触觉、嗅觉、听觉、味觉等五感对书籍设计的成败起着决定性的作用。但是，在图书设计的过程中，要避免以偏概全，对其中的“某几感”给予了过高的关注，而忽视了“书籍五感”是相辅相成、缺一不可的。随着读者阅读习惯和阅读品位的不断提升，能够给读者带来怎样的阅读体验，将是书籍设计者所关注的核心。不可否认，当今时代，人类的阅读习惯正在悄悄地发生变化，电子阅读占据了越来越大的市场。但是，书籍在视觉、触觉、嗅觉、听觉、味觉五方面给人类带来的愉悦体验，并不是电子书所能够给予的。只要书籍设计者在设计的过程中，坚持理念创新，坚持从书籍内容出发，就能够设计出符合市场需求和读者心理的好书，发挥电子书所无法取代的作用。

“五感”是创造书籍设计生命力的源泉，因而对书籍“五感”的表达，既是书籍设计思考的起点，也是书籍设计追求的境界；这就要求我们在进行书籍设计时，不能将个人的喜好置于设计对象之上，而应在理解书籍体内涵的基础上合理地应用文字、图像、材料等元素，通过“五感”，充分调动各种设计手段，使书籍的设计语言和各种视觉符号能够完整地凸显书籍的主题，使读者在阅读、触摸、翻阅过程中感动，更好地体会书的内涵。

李璇设计的《姑苏桥》一书，是当代中国书籍设计作品中很好地表达“五感”的典范之作。这是一本关于苏州古桥的摄影作品集，设计师在构思设计时，抛却了对小桥流水、诗情画意的概念化设计思路，以“一块桥石”为灵感，将书籍整体外观设计为一块厚重斑驳、形似桥梁上的武康石形态（图6-47）。整本书装订平整，全书纸张选用了表面粗糙的轻型艺术纸，纸张不失磨砂质感。书籍外皮为苏州传统木刻版画走桥图，护封部分压以石纹。书口三面经激光雕刻后喷绘，强化石面凹凸不平的质感，让读者能够触摸书口的不同深度，丰富触觉上的感受，整体犹如桥梁上的一块武康石，展现了触觉与视觉的统一。书中的内页版式简洁疏朗，图片裁切编排有序，留白过渡自然，桥梁整体照片采用四色印刷、局部细节黑白印刷，彩色黑白相间，阅读层次分明，突显了桥梁上丰富的装饰图案和构造细节。品味全书，设计赋予书籍的“五感”之美得到充分的呈现，与此同时，也使读者深刻体验到了苏州古桥厚重的历史文化底蕴。

书籍“五感”的完美表达是一本好书的生命特质之所在，是独特精神风貌的展现，是独特气质、品格、境界的流露，是人类精神文化与生命的契合点，对书籍“五感”的把握与表达，是好的书籍设计的灵魂之所在。

图6-47　李璇设计的《姑苏桥》

课后练习

1. 儿童书籍的创新型设计。要求：充分考虑儿童的阅读心理与习惯，注重安全性和趣味性的创意设计。
2. 具体内容不限制，可自己选定主题内容及材料和形态，创作一部概念书籍。要求：根据书籍选题内容，充分发挥大脑思维和想象，可以是动态的、会发光的、会唱歌的、会说话的、凹凸的、有肌理的、异形态的、让人能摸到质感有体验的，等等，材料不限、突破常规，设计一新颖、独具一格的书籍作品。
3. 设计一本介绍中国民间工艺的书籍。要求：书名自定，开本自定。整册书应体现中国民族特色，同时也要符合现代人的审美习惯。要求图文并茂，个性鲜明。材质不限，设色不限，装帧形式不限，可在定价范围内做适当的创新设计。
4. 阐述书籍创新设计的理念是什么。

第七章

项目案例分析

PPT 课件，请在计算机上阅读

学习难度：★★☆☆☆
重点概念：案例分析

章节导读

本章书籍设计作品均出自于学生的课题习作，是本书作者将教材内容应用于教学的实践结果。通过作品案例分析，希望对学习书籍设计有所帮助、有所启迪。在教学过程中，除了对基础理论知识进行讲解，更重要的是通过案例分析引导学生把握书籍设计的整体性和各个要素之间的和谐统一之美。

项目案例一

名称：书籍《宫崎骏的漫画世界》

设计者：郭倩琳

设计作品解析：

《宫崎骏的漫画世界》是一本儿童立体书籍。针对儿童的年龄特征，设计者采用了明亮的色彩。由于儿童对图形的认知程度高于文字，因此减少了文字在版式中的比例，以可爱的插画为主体，字体活泼醒目，画面颜色鲜艳。设计者在书籍内页上制作了折叠立体的变化，使之加强层次感，具有神秘感、创造力，丰富书籍形态的表情，增添读者阅读的兴趣。此书注重形态设计，折叠面积小于书籍整体面积，起到了画龙点睛的作用，使书籍形态更具有整体感和美感。

项目案例二

名称：书籍《中国味道》

设计者：白瑞淑

设计作品解析：

《中国味道》是一本介绍中国美食的概念书籍。设计者紧扣宣传中国美食的书籍主题，在书名的字体设计上，选取具有中国代表性古体书法。黄色和红色的相间色彩，更使阅读者直观体会到了书籍中的中国餐饮味道。

在概念书的材料选取上，设计者摆脱了传统纸张的束缚，在艺术观念的影响下对书籍材料和形态进行全新探索，选取了与书籍主题内容紧密相关的盘子造型和制作材料——泡沫盘子作为书籍的单页造型。

设计者通过固定单页一点的扭转方式塑造书籍整体形态，使书籍产生了面积的变化，形成独特的立体效果。不仅丰富了书籍形态的层次，而且增加了书籍阅读的趣味性。整本书籍的基本形态和局部版式和谐统一，从一点一面中都能感受到主题风格的有序归结，将书籍的内涵与意境完美地表现出来，产生观念和精神上的升华。

中国味道
TASTING CHINA

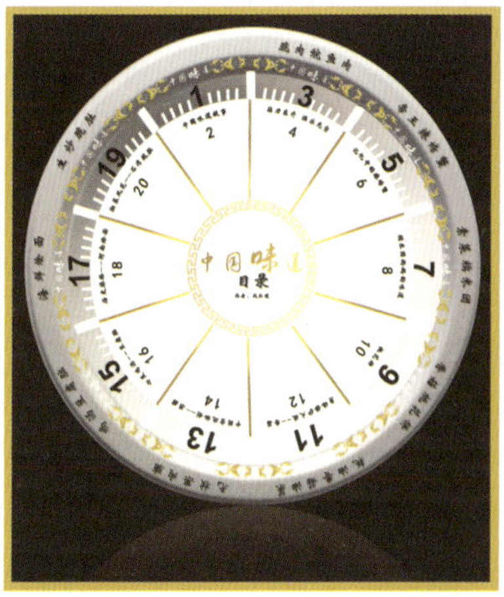

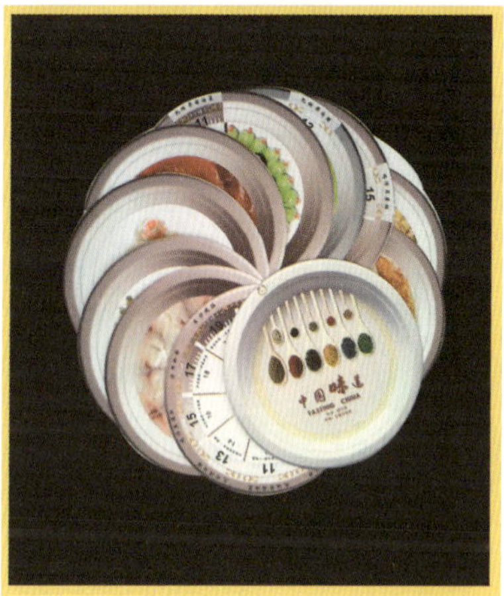

中国味道书籍设计

项目案例三

名称：书籍《彩色的味道》

设计者：张媛媛

设计作品解析：

一本好书一定要有一个漂亮的封面，看到书籍封面，就能了解书的大体内容。本书拼贴式的图形处理丰富了封面的层次，动感又不失趣味性地活跃了封面气氛。环衬、扉页、序、目录及内页，每一张都力求精致，采用淡雅的色彩来表现，以求能够带给读者良好的视觉过渡。内文版式采取了单栏式，直观地传达出书籍的内容。内文文字错落有致，字体明显的大小变化使得版式内容丰富、活泼，具有韵律性。文字段落图形化的编排，产生了独特的视觉效果，加强了书籍设计的艺术表现力。

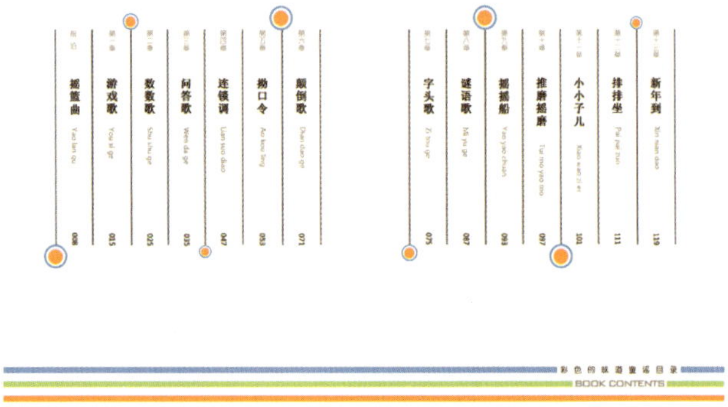

项目案例四

名称：书籍《剪纸》

设计者：郭靓

设计作品解析：

设计讲究古朴、典雅的个性化。书籍《剪纸》的书盒、封面均用特种纸，以返璞归真的白纸为基调，置入镂空剪纸的视觉图像，素材元素的相互渗透、相互辉映而达到“剪纸”意味的直观设计效果，并具有一定的趣味性。

书籍的内文页采用图文结合的方式来介绍相关内容，版式中的每一部分都用网格分栏式进行划分，段落文字的栏宽根据图片的内容进行调整，将段落文字的栏宽与图片宽度统一起来，形成规范的视觉效果，使版面条理清晰、层次分明，局部不同的图片与文字搭配方式又使版面具有活力。

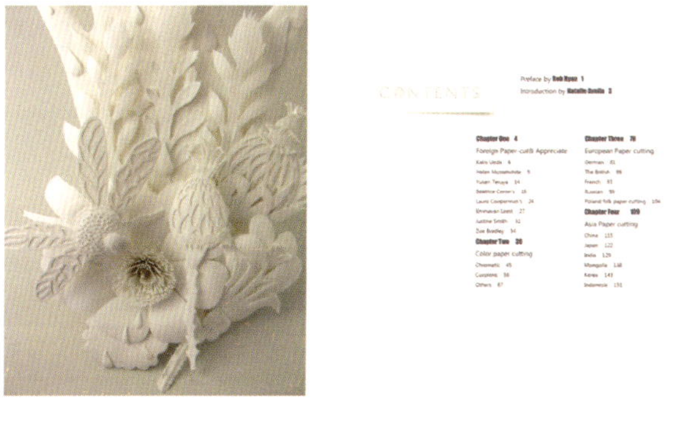

Kako Ueda
Justine Smith
HELEN MUSSELWHITE
PAPER-CUT RESTORING ANCIENT WAYS

书籍设计：PAPER CUTTING
年级：2015级 学号：1043115051 专业：设计学 姓名：郭靓 导师：李慧媛

项目案例五

名称：书籍《贵州蜡染》

设计者：李晨莹

设计作品解析：

贵州蜡染以素雅的色调、优美的纹样、丰富的文化内涵，在中国民间艺术中独树一帜。所以，此次书籍装帧设计，以“贵州蜡染”为主题，内容是我国黔东南少数民族的民间传统纺织印染手工艺——贵州蜡染。蜡染是用蜡刀蘸熔蜡绘花于布后以蓝靛浸染，既染去蜡，布面就呈现出蓝底白花或白底蓝花的多种图案，同时，在浸染中，作为防染剂的蜡自然龟裂，使布面呈现特殊的“冰纹”，尤具魅力。因此，书籍在风格上，具有鲜明的贵州民族特色。封面采用贵州特有蜡染布的深蓝色做背景，并平铺以蜡染花布的图案，自然美观又不失创意。在书籍的装订方式上，采用包背胶装的形式；书籍名字的设计采用了简洁又不失现代感的折线型字体，简单大方；书籍内页采用亚光的特种纸张；在色彩上，以蜡染特有的蓝白花布的色调贯穿整个书籍设计；在图案上，运用了古朴的纹样，又融入了创新的现代元素，体现了古为今用的创新设计理念，体现了古朴美与现代美的结合。书籍版面简洁大方，在细节的处理上也十分考究，给人精致、清新之感。

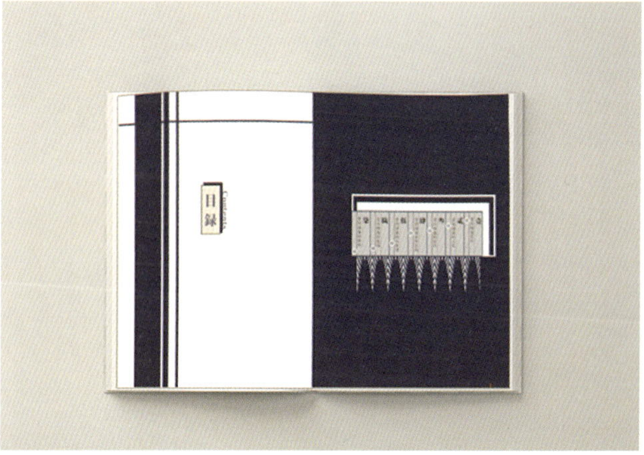

参考文献
REFERENCES

[1] 于秉楠. 书籍设计［M］. 武汉：湖北美术出版社，2001.

[2] 邓中和. 书籍装帧创意设计［M］. 北京：中国青年出版社，2004.

[3] 夏洛特·里弗斯. 书籍创意装帧设计［M］. 苑蓉，译. 北京：电子工业出版社，2001.

[4] 杉浦康平. 亚洲的书籍、文字与设计［M］. 杨晶，李建华，译. 北京：生活·读书·新知三联书店，2006.

[5] 成朝晖. 书籍装帧教程［M］. 杭州：中国美术学院出版社，2006.

[6] 张潇. 书装百年［M］. 长沙：湖南美术出版社，2005.

[7] 邱承德，邱世红. 书籍装帧设计［M］. 北京：印刷工业出版社，2007.

[8] 杨梦棍. 书籍设计速查手册［M］. 上海：上海人民美术出版社，2006.

[9] 方如. 装帧艺术［M］. 南昌：江西美术出版社，2006.

[10] +Designing编辑部. 版式设计-日本平面设计师参考手册［M］. 周燕华，郝微，译. 北京：人民邮电出版社，2011.

[11] 罗杰·福赛特·唐. 型录设计［M］. 姚香泓，刘雪莲，译. 大连：大连理工出版社，2007.

[12] L.L.西尔，L.Lisa. 型录手册创意经典［M］. 陈君等，译. 北京：中国青年出版社，2007.

[13] 维朗妮卡·琳. 书刊整体设计图典［M］. 晨曦，译. 上海：上海科学技术文献出版社，2007.

[14] 靳埭强，刘小康. 装帧篇［M］. 汕头：汕头大学出版社，2003.

[15] 孙彤辉. 书籍设计［M］. 上海：上海人民美术出版社，2014.